欧特克 BIM 标准丛书
Revit 中国用户小组

BIM 纲要

主编　李邵建 等

同济大学 出版社
TONGJI UNIVERSITY PRESS

图书在版编目(CIP)数据

BIM 纲要 / 李邵建等主编. -- 上海：同济大学出版
社,2015.11
（欧特克 BIM 标准丛书）
ISBN 978-7-5608-6062-6

Ⅰ.①B… Ⅱ.①李… Ⅲ.①建筑设计—计算机辅
助设计—应用软件 Ⅳ.①TU201.4

中国版本图书馆 CIP 数据核字(2015)第 255658 号

BIM 纲要

主编 李邵建 等

责任编辑 赵泽毓 　　**责任校对** 徐春莲 　　**封面设计** 陈益平

出版发行　同济大学出版社　　　　www.tongjipress.com.cn
　　　　　（地址:上海市四平路 1239 号 邮编:200092 电话:021-65985622）
经　　销　全国各地新华书店、建筑书店、网络书店
印　　刷　上海中华商务联合印刷有限公司
开　　本　787 mm×960 mm　1/16
印　　张　10.75
字　　数　215 000
版　　次　2015 年 11 月第 1 版　　2015 年 11 月第 1 次印刷
书　　号　ISBN 978-7-5608-6062-6

定　　价　58.00 元

编 委 会

主　　编：（排名不分先后，按拼音排序）

　　　　蔡嘉明　高承勇　葛　清　黄正凯

　　　　李邵建　陆飞凯（Eric B. Luftig）

　　　　唐崇武　王启文　夏　冰　熊　诚

　　　　徐敏生　于晓明　张良平　周信宏

副　主　编：（排名不分先后，按拼音排序）

　　　　葛国富　胡　琪

　　　　康睦乐（Amanda Comunale）　刘　翀

　　　　刘东阳　吕　芳　刘　珩　林　祺

　　　　罗世闻　潘思闽　燕　林　苏　骏

　　　　孙　潞　滕　丽　肖胜凯　徐　浩

　　　　辛佐先　王　浩　叶红华　杨远丰

　　　　杨海涛　张　彬　赵　斌　朱　琦

　　　　朱盛波　张诗洁　赵伟玉　张学斌

　　　　张学生　钟文武　张　颖　章溢威

编写组成员：（排名不分先后，按拼音排序）

　　　　党　刚　靳　金　李佳斌　刘剑平

　　　　李延钊　李卫东　何冠锋　金　振

　　　　祁　爽　蒲先宝　彭　明　邢　磊

　　　　孟禹江　林超楠　宋　杰　魏春明

　　　　孙茂芳　汤协康　徐　多　万绍发

　　　　韦　巍　王文韬　尹　航　杨家跃

　　　　姚安娜　杨　光　肖　飞　赵大龙

　　　　张　明　赵华英　周晓慧

序一

改革开放三十余年来,随着中国城市建设的大力推进以及房地产业的蓬勃兴起,中国的建筑行业无论在建筑总量,还是在技术能力上都得到了极大的发展与提高。这一方面得益于中国改革开放的政策红利,另一方面也得益于我们与国际建筑行业先进理念与技术的接轨。但是在建筑行业不断发展的过程中,挑战也在不断涌现,面对越来越复杂的建筑设计,越来越庞大的建筑体量和越来越多样的参与单位,现有的管理机制与技术手段已经无法满足市场需要,建筑行业急需升级转型,引入全新的方式方法,以应对 21 世纪新形势的挑战。

BIM 的出现,给解决上述问题带来了曙光。BIM 是继 20 世纪 90 年代全面推广应用 CAD 技术的"甩图板"工程之后,建筑行业迎来的第二次信息化技术革命。BIM 作为当前建筑行业最受追捧的技术之一,推动了建筑行业从 CAD 的二维向 BIM 三维的技术演变。这种演变不仅仅是视觉上的,BIM 作为一个高度集成的三维信息化数据集合,可以囊括设计、施工、成本、质量在内的各种数据信息,从而被应用在建筑的开发与运营的全生命周期中。这种能在建筑全生命周期内发挥作用的庞大数据库,其潜力无可估量。

随着建筑行业这几年来对 BIM 应用的不断深入,其价值已经得到了包括业主、设计企业、施工企业,以及其他咨询顾问单位在内的广泛认同。但我们也需要清醒地认识到,国内的 BIM 应用也只是刚刚起步,还面临着许多困难与问题。除了我们需要在技术上学习发达国家的先进理念与成功经验,也要结合我国国情,制定符合中国实际情况的技术与应用标准,只有全行业形成合力,才能将 BIM 这项先进的技术应用好,普及好。

我相信,BIM 应用的普及将会对我国的建筑行业产生极其深远的影响,是中国建筑行业赶上国际先进水平所迈出的坚实一步,推动全行业在互联网、信息化的时代大潮中激流勇进,砥砺前行,实现我国建筑行业更好更快的发展。

李邵建

序二

当时间的指针行走在 2015 年的道路上时，我们又一次站在了一场技术大变革的前沿，以信息技术为核心的新一轮科技革命正在兴起，其迅猛发展正前所未有地推动着社会变革和经济发展，并将大力提升各个行业的生产力。

在这样一个近乎完美的数字化设计和制造的时代，伴随着中国城市化进程的加速，传统粗放的发展方式，高能耗、高污染、低产出必将被淘汰。而这个时代的决定性力量也不再是传统的廉价劳动力，高科技、高附加值，以及高素质人才才是时代变革的主流，这必将令我们建筑建造的方式产生巨大改变，如同工业革命对制造业的改变一样。

信息技术已经进入到一个大规模数据时代，各行各业都在不断创建各种庞大数据库，从传统销售、库存、财务数据，到社交、行为甚至健康数据，而在建筑行业，同样庞大的数据库正在建立起来，帮助人类设计与建造更为绿色环保、经济舒适的建筑。

与此同时云计算的兴起，使得信息技术正在以一种全新的手段对社会进行渗透,它不仅让信息技术的使用成本变得更为低廉,也更为简单易用。

无线网络也正在不断改变我们的工作方式,当建筑师拿着移动终端在建筑工地现场,通过无线网络浏览来自云端的建筑图纸数据时,也不会有人觉得那是多么的高科技。在如今的社会中,已经难以想象,离开无线网络我们将面临一个怎样的窘迫局面。

没有多少人能够否认,科技推动了经济增长,带来了整个社会工作和生活方式的进步。因此在可以预见的未来,信息技术的变革将围绕大数据、云计算、无线网络三大核心技术展开。成功并不是命中注定的,在这场机遇与挑战并存的大变革中,我们只有站在技术发展的最前沿,立足科技创新给我们带来的深远意义,给我们的社会和我们的经济带来巨大的改变。

周信宏

前言

从近几年国家的 BIM 标准编写启动开始，欧特克公司积极参与其中。在整个过程中，我们发现 BIM 不仅仅是狭义的软件的应用，更是一个系统工程，需要建筑全生命周期的多方人员共同参与，因此希望通过"欧特克 BIM 标准丛书"，给国内广大 Bimmer 提供可以查询的技术平台。

在本分册《BIM 纲要》中，主要以 BIM 工作流程为主线，以欧特克公司的产品为主导数据源的技术思路编写，本系列丛书从早期的规划到最终实施历时三年，最早以 Revit China User Group 为主要组织者，参与人员 150 人左右，随着软件版本的更新，BIM 技术的拓展，编写的内容也尽可能地与时俱进，但仍有很多遗憾。本书跳出欧特克框架，尽可能的包罗万象，希望能够更好地诠释 BIM 生态圈。

本分册没有涉及过多软件操作细节，比较适合 BIM 项目经理、BIM 总监、总工等管理型人才使用，具体软件操作及视频会在《欧特克 BIM 标准丛书：BIM 应用手册》中涉及，敬请关注。

按照以上的思路，本书共分六章，即：BIM 研究、BIM 存储标准、

BIM 软件研究、各阶段 BIM 软件分析、BIM 工程案例研究、附录;主编简介。我们希望通过这样安排,使广大 Bimmer 对 BIM 的相关知识及行业人物有所了解。

本书的编写分工如下:

第 1 章　高承勇、葛清

第 2 章　于晓明、夏冰、张良平

第 3 章　李邵建、徐敏生、唐崇武

第 4 章　陆飞凯、王启文、周信宏

第 5 章　蔡嘉明、黄正凯、熊诚

在本书的编写过程中,得到了多方面的支持和帮助。上海现代建筑设计集团总工高承勇先生在本书课题评审中,提出重要的评审意见;欧特克软件(中国)有限公司大中国区总经理李邵建先生、工程建设行业销售经理肖胜凯先生、工程建设行业市场部经理张洋女士、工程建设行业技术经理罗海涛先生在本丛书市场、经费、咨询、技术等多方面提供支持;上海建工研究总院 BIM 总监于晓明先生在机电部分提供了最新行业方向技术指导意见;在早期的编写过程中 Revit China User Group 起到了非常重要的组织作用,感谢张学生、赵斌、张学斌、赵伟玉四位创始人的参与;感谢上海现代咨询吕芳女士在本书课题研究上的支持;感谢惠普公司张诗洁女士提供的硬件测试平台;感谢中国院于洁、唯特利潘思闻在 BIM 二次开发上对最新软件的支持;感谢中建三局罗世闻、云南城投钟文武、上海地下院滕丽和辛佐先、上海中心靳金在案例内容上的整理;感谢同济大学出版社为本套丛书所做的大量策划与组织工作。

由于 BIM 技术及行业方向更新太快,书中不当之处甚至错漏在所难免,衷心希望各位 Bimmer 给予批评指正。

本书编委会

2015 年 8 月

BIM

目　录

1　BIM 研究

　　建筑信息模型(BIM)的出现,引发了整个工程建设领域的第二次数字革命。BIM 不仅仅促使了建筑行业现有技术的进步和更新换代,它也间接表现在生产组织模式和管理方式的转型上,并对人们思维模式的转变有着更为深远的影响。

　　BIM 的核心,是通过在计算机中建立虚拟的建筑工程三维模型,同时利用数字化技术,为建筑全生命周期提供完整的建筑工程数据库。该数据库包含描述建筑物构件的几何信息,也包括非几何信息。借助这个建筑工程信息的三维模型,提高了建筑工程信息的集成化程度,这就为建筑工程项目的相关利益方都提供了一个工程信息交互与共享的平台,这个平台技术正在逐步向云平台靠拢,其中代表软件为 Autodesk BIM 360 Glue 产品。

　　近十年来,国内出现了一批 BIM 应用起步较早的设计院和施工企业,通过大量的 BIM 项目经验积累,已经形成了较强的 BIM 应用能力。同时作为建筑开发的投资方,也有比较强烈的意识在项目管理中积极引入 BIM 为项目服务。

　　但是由于国内 BIM 起步较晚,缺乏相应的技术标准和经验丰富的技术咨询团队，也造成了 BIM 在技术上缺乏明确的目标、实施方法和标准化的工作流程。国际上已经有一些先行的行业协会、科研机构或业主开始建立了一些 BIM 标准，如：美国 NBIMS 标准、英国（UK）BIM 标准、澳大利亚 BIM 标准等行业层面的标准，美国联邦总务局 GSA 标准、美国陆军工程署 USACE 标准等业主层面的标准相继发布。而国内对于 BIM 标准的研究和制定还处于起步阶段，在面对国内缺乏统一 BIM 标准的情况下，为了帮助建筑工程项目的各参与方成功地将 BIM 引入项目，本书以项目全生命周期管理理论为基础，利用已有的实施项目经验，结合 BIM 的特点来研究和探索相应的实施方法。

1.1 国内外 BIM 应用分析

1.1.1 BIM 工作流程——建筑可视化设计

BIM 在建筑设计的前期，可以灵活的展现建筑师的创意与设计理念，因此，建筑可视化设计是 BIM 的一个最基本的应用方向。

在建筑可视化设计阶段，BIM 提供了用于满足不同可视化需求的强大软件工具，使得建筑师在建筑设计前期即可获得难以比拟的技术优势。建筑可视化设计 BIM 工作流程如图 1-1 所示。

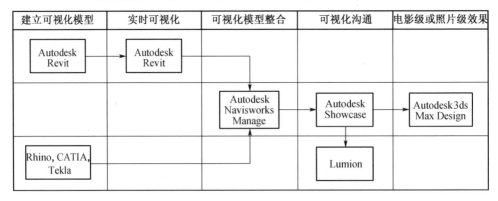

图 1-1　建筑可视化设计 BIM 工作流程

• 通过各类三维辅助设计软件建立满足不同需求和专业,直观
立体的建筑可视化三维模型(图1-2和图1-3)。

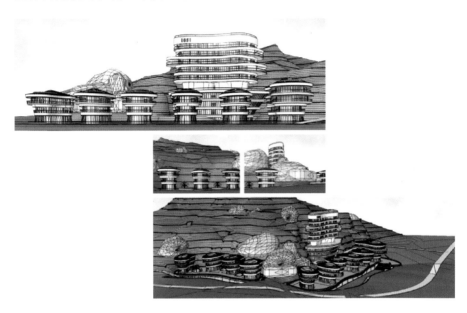

图1-2 Autodesk Revit建立的建筑方案设计三维模型

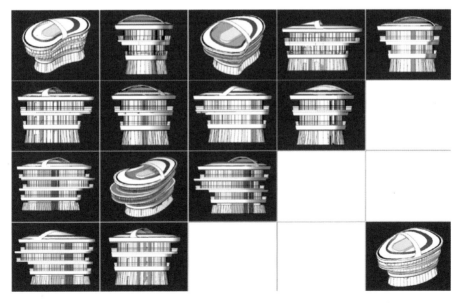

图1-3 Autodesk Revit模型展示建筑设计方案的不同角度视觉效果

- 通过 Autodesk Revit 实现实时可视化,可以在建筑师对建筑方案设计的过程中,以三维的方式不断的实时反馈修改结果,帮助建筑师更好的对建筑设计方案进行修改。

- 通过 Autodesk Navisworks 将各种三维模型数据进行整合,以便于建筑师在同一个平台上进行数据的整合、共享与交流。

- 通过 Autodesk Showcase 实现可视化沟通,在沉浸式的交互环境中沟通设计方案,并在项目汇报中更轻松的获得业主方认可。

- 通过 Autodesk 3ds Max Design 为建筑师、工程师和可视化专业人士提供了先进的三维可视化工具,这些工具能够提供极其逼真的电影级动画和照片级效果,可对 BIM 工作成果进行更为有效的拓展。

通过 Autodesk Revit 建立的可视化建筑设计方案三维模型,可以简单通过参数控制关系调整建筑的造型,并且能够达到协同设计、同步更新的效果。如图 1-4 所示,利用 BIM 模型调整建筑标高后,对同一视角进行截图对比,在方案的协调会议上可以充分表达设计意图,便于业主方的理解。

经过1#、2#结构梁预估,发现最矮处净高不足3 m,无法满足高档别墅豪宅的标准,故建议将层高提高300 mm左右。标高抬高后建筑形体并没有明显变化。

图 1-4　方案设计调整对比

另外,借助 Autodesk Navisworks Manage 和 Simulate 包含的增强型渲染功能,也可快速完成可视化成果,并能创建更为逼真的展示效果,如图 1-5 所示。

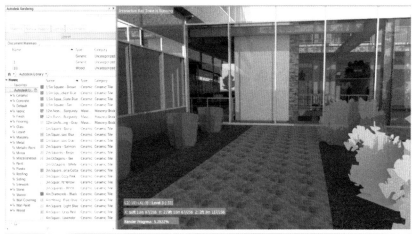

图 1-5 Autodesk Navisworks Manage 渲染效果

使用 Autodesk Navisworks Manage 将 Autodesk Revit 模型导入,整合为 NWD 文件格式的 BIM 模型,在可视化渲染方面的速度相对更加快速(图 1-6)。并且使用 Autodesk Navisworks Manage,其对计算机环境的要求不高,因为不需要计算、分析和调整模型,在项目各参与方交流的过程中,可以更为有效地基于 BIM 模型进行旋转、剖切、即时渲染等操作(图 1-7 和图 1-8)。

停机坪与擦窗机的方案对比

图 1-6　Autodesk Revit 模型导入 Autodesk Navisworks Manage 后的
　　　　渲染效果对比

BIM模型　　　　　　　　　　效果图

图 1-7　Autodesk Navisworks Manage 的简单渲染与
　　　　Autodesk 3ds Max Design 效果图对比

　　除了欧特克设计套件中的组合可视化产品，使用 Autodesk
Navisworks Manage 的另一个优势，是能够导入多种格式的 BIM 模
型，整合并渲染。除了 Autodesk Revit 外，还兼容如 Rhino，
CATIA，Tekla 等软件格式的导入（图 1-9）。

BIM模型　　　　　　　　　　　　　　　效果图

图 1-8　Autodesk Navisworks Manage 的简单渲染与
Autodesk 3ds Max Design 效果图对比

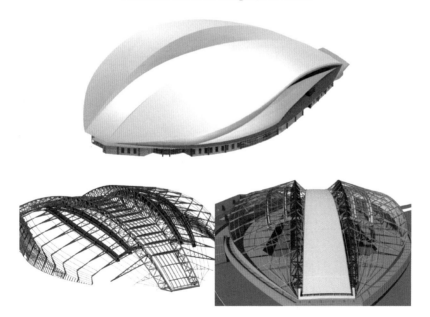

图 1-9　Rhino，Autodesk Revit，Navisworks Manage 三平台协同可视化设计

　　目前，Autodesk Revit 与可视化设计软件 Autodesk Showcase，Lumion 的组合模式也越来越多地应用于建筑师的方案汇报上。作为实时的 3D 可视化工具，Autodesk Showcase，Lumion 用来制作建筑动画和效果图(图 1-10 和图 1-11)，其优势在于提供优秀的图像

结果的同时,将快速和高效工作流程结合在一起。建筑师能够直接在自己的电脑上创建虚拟现实,渲染速度比以前更加快速,大幅降低了制作时间,可以在短短几秒钟内就创造惊人的建筑可视化效果。

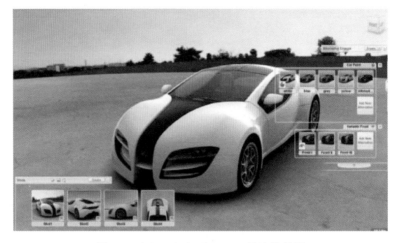

图 1-10　Autodesk Showcase 的渲染效果

图 1-11　Lumion 建筑物可视化效果

1.1.2　BIM 工作流程——建筑初步设计与扩初设计

初步设计是最终设计成果的前身,相当于一幅图的草图。通常来说,紧接着初步设计之后是扩初设计(即"扩充初步设计")。扩初设计是指在初步设计基础上的进一步设计,但设计深度还未达到施工图的要求,小型工程可不必经过这个阶段,而直接进入施工图设计。

因此,基于 BIM 的设计流程中,从方案设计过渡到初步设计与扩初设计,需要对 BIM 设计成果进行深化、调整。同时,还需要确保在设计递进的过程中 BIM 数据的完整性,避免因初期 BIM 软件、模型架构不合理而导致的 BIM 数据应用出现障碍。

在概念设计到初步设计阶段,欧特克 BIM 数据交付流程图如图 1-12 所示。

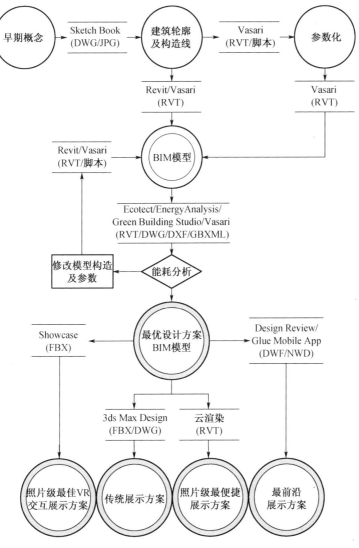

图 1-12　从概念设计到初步设计 BIM 工作流程

方案设计阶段根据已知场地数据,一般先通过手绘工具(例如 SketchBook)进行草图绘制,然后通过 Autodesk Revit 或者 Autodesk Vasari 软件中将位图的轮廓线生成基础概念表达矢量模型,在 Autodesk Revit 或者 Autodesk Vasari 中继续根据建筑师的要求进行基础概念表达模型的整体体量的朔造,而整个形体和表皮的设计,可以使用参数化的手段完成。一般能实现参数化设计的软件包括 Autodesk Revit,Rhino,CATIA,Sketchup 等(图 1-13)。

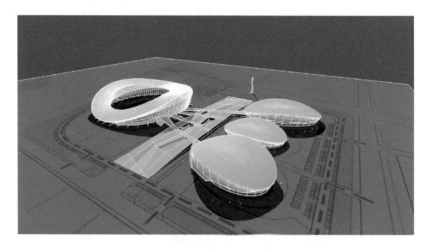

图 1-13   方案设计阶段 Rhino 参数化模型

方案设计模型以表达建筑形体及内部空间关系为主,一般使用单一建模软件搭建,在进入初步设计阶段之后,需要逐步增加结构专业、机电专业的设计模型。从单一建筑模型扩充到综合设计模型,需要改变软件架构,如将 Rhino 或 CATIA、Sketchup 格式的方案设计模型需要整合到 Autodesk Revit 平台中,在基于 Autodesk Revit 搭建结构专业、机电专业 BIM 模型,形成建筑、结构、机电专业的协同设计工作环境(图 1-15 和图 1-16)。

建筑专业的方案设计模型一般可以直接导入 Autodesk Revit 中,参数化外表皮进行单独导入,在深化设计过程中对外表皮的不断调整仍需沿用方案设计阶段的参数化模型,在 Autodesk Revit 中进行外表皮模型与内部建筑、结构的碰撞检查。内部建筑根据需要可在 Autodesk Revit 中重新搭建,以便设计的进一步深化。这个阶段 BIM 操作的一般流程如图 1-14 所示。

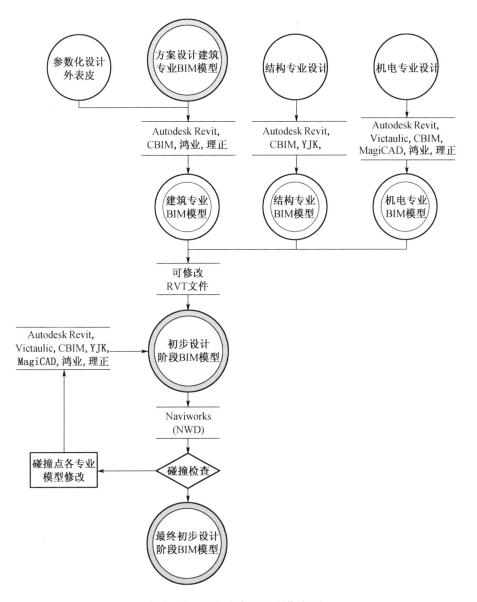

图 1-14 初步设计 BIM 工作流程

　　结构专业在方案设计阶段会使用结构荷载分析软件进行结构受力体系等方面的分析计算,其中会用到 Robot Structural Analysis,Autodesk Revit Structure,Etbas,Midas,SAP2000,PKPM,YJK

图 1-15　Rhino 建筑方案模型导入到 Autodesk Revit

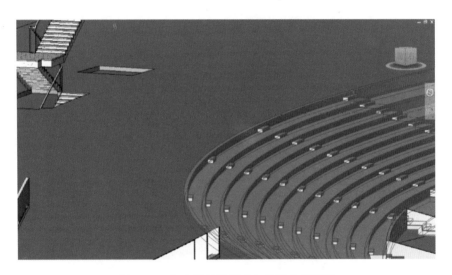

图 1-16　初步设计阶段建立建筑内部模型

等结构计算软件,并在计算之前搭建结构计算模型。进入初步设计阶段,结构专业的 BIM 模型需要深化到具体的三维结构构件,结构计算模型的二维模型线无法满足设计深度要求,该阶段可以使用 Autodesk Revit 的扩展功能,利用结构计算模型数据,在 Autodesk Revit 中生成带有结构构件物理外观和结构参数的 BIM 模型,一般流程如图 1-17 所示。

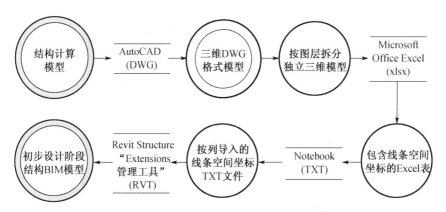

图 1-17 初步设计阶段结构专业 BIM 工作流程

此处,我们再对相应的工作流程作进一步的介绍:

a) 在 SAP2000 或其他结构计算软件中建立最初的结构荷载分析计算模型(图 1-18)。

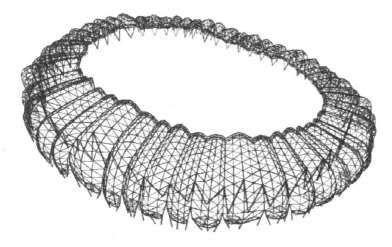

图 1-18 用 SAP2000 搭建的结构荷载分析计算模型

b) 从 SAP2000 中导入 AutoCAD 后的 DWG 格式三维模型(图 1-19)。

c) 将三维模型中的线条按照类型(图层)拆分为单独的三维模型对象(图 1-20)。

d) 在 AutoCAD 中导出线条的空间坐标数据 Excel 表格,再将这些数据按列复制到 TXT 文本中,存为单独的文件(图 1-21)。

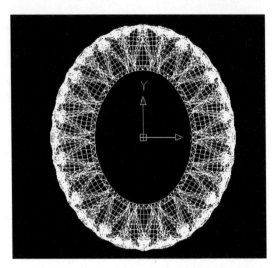

图 1-19　导入到 AutoCAD 后 DWG 格式的三维模型

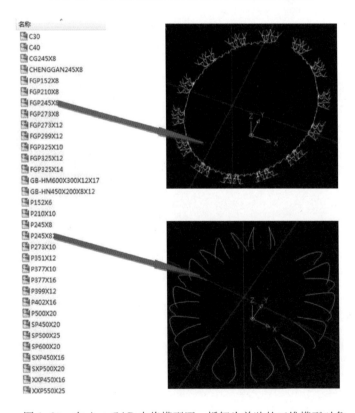

图 1-20　在 AutoCAD 中将模型逐一拆解为单独的三维模型对象

计数	名称	端点X	端点Y	端点Z	起点X	起点Y	起点Z
1	直线	10.25					
1	直线	-10.2572	113.1736	55.44828	-5E-07	113.1736	50.64828
1	直线	-8.13095	-120.752	55.07586	-4E-07	-120.752	52.07586
1	直线	-36.1091	-112.703	55.07586	-42.997	-108.382	52.07586
1	直线	8.13095	-120.752	55.07586	-4E-07	-120.752	52.07586
1	直线	-47.659	96.51164	54.44828	-38.9699	101.9623	50.64828
1	直线	62.71858	80.12398	54.44828	69.39529	69.39529	50.64828
1	直线	47.65902	96.51164	54.44828	38.96988	101.9623	50.64828
1	直线	30.28074	107.413	54.44828	38.96988	101.9623	50.64828
1	直线	-30.2807	107.413	54.44828	-38.9699	101.9623	50.64828
1	直线	36.10906	-112.703	55.07586	42.99697	-108.382	52.07586
1	直线	-92.1828	-35.2309	55.07586	-93.9675	-25.5659	52.07586
1	直线	80.82487	-64.9354	55.07586	75.70603	-73.3255	52.07586
1	直线	92.18278	-35.2309	55.07586	93.96753	-25.5659	52.07586
1	直线	95.75228	-15.9009	55.07586	93.96753	-25.5659	52.07586
1	直线	-95.7523	-15.9009	55.07586	-70.5871937		52.07586
1	直线	49.88487	-104.061	55.07586	42.99697	-108.382	52.07586
1	直线	-49.8849	-104.061	55.07586	-42.997	-108.382	52.07586
1	直线	-70.5872	-81.7156	55.07586	-75.706	-73.3255	52.07586
1	直线	-80.8249	-64.9354	55.07586	-75.706	-73.3255	52.07586
1	直线	70.58719	-81.7156	55.07586	75.70603	-73.3255	52.07586
1	直线	-62.7186	-80.124	54.44828	-69.2642	-69.3953	50.64828
1	直线	47.65902	-96.5116	54.44828	38.96988	-101.962	50.64828
1	直线	62.71858	-80.124	54.44828	69.26419	-69.3953	50.64828
1	直线	75.8098	-58.6666	54.44828	69.2642	-69.3953	50.64828
1	直线	-75.8098	-58.6666	54.44828	-69.2642	-69.3953	50.64828
1	直线	10.25725	-113.174	54.44828	-5E-07	-113.174	50.64828
1	直线	-10.2572	-113.174	54.44828	-5E-07	-113.174	50.64828
1	直线	-30.2807	-107.413	54.44828	-38.9699	-101.962	50.64828
1	直线	-47.659	-96.5116	54.44828	-38.9699	-101.962	50.64828
1	直线	30.28074	-107.413	54.44828	38.96988	-101.962	50.64828
1	直线	-84.2647	-36.5544	54.44828	-86.5469	-24.1956	50.64828
1	直线	84.26466	36.55444	54.44828	86.54688	24.19558	50.64828
1	直线	-84.2647	36.55444	54.44828	-86.5469	24.19558	50.64828
1	直线	-75.8098	58.6666	54.44828	-69.2642	69.39529	50.64828
1	直线	-62.7186	80.12398	54.44828	-69.2642	69.39529	50.64828

图 1-21　从 AutoCAD 中将空间坐标导出到 Excel 中，并按列复制到独立的 TXT 文件中

e) 在 Autodesk Revit 中使用"Extensions 管理工具"，复制 TXT 文本中的数据，生成相应的 Revit 模型（图 1-22）。

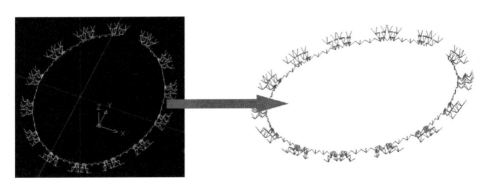

图 1-22　最后生成的 Autodesk Revit 结构专业模型

15

为满足设计深度的变化,在建筑构件方面需要做部分节点的 BIM 模型,利用 Autodesk Inventor 可以建立幕墙节点、钢结构节点等细部构件(图 1-23),再加载到 Autodesk Revit 平台中,以族文件的形式补强构件库,满足设计要求。随着最近几年国内基于 Revit 平台的开发,结构方面的插件也很普遍,关于此方面的内容将在未来 BIM 丛书中介绍,请广大读者关注相关信息的发布。

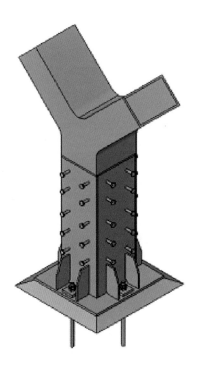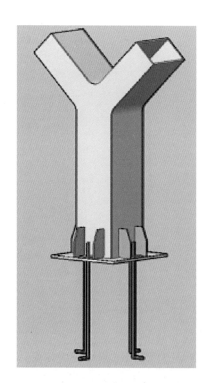

图 1-23 Autodesk Inventor 建立的钢结构族模型

机电专业在方案设计阶段和初步设计阶段的前期往往通过 AutoCAD 建立系统图、平面图进行设计表达。在没有形成机电系统之前还不具备 BIM 模型搭建条件。在初步设计中后期开始机电专业的管线综合 BIM 设计工作,可以通过 AutoCAD 将 DWG 平面图导入 Autodesk Revit 中进行机电主管线的三维建模,同时完善机电竖向系统管线模型,一般流程如图 1-24 所示。

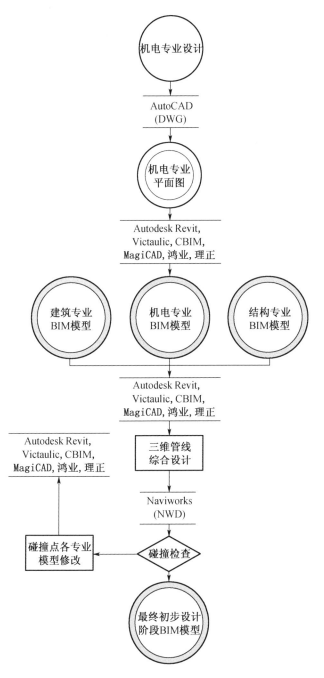

图 1-24 初步设计阶段机电专业 BIM 工作流程

在完成机电主管线模型后(图 1-25),开始三维管线综合设计工作,通过与建筑、结构专业的三维碰撞检查,进行专业间的设计协调,逐步深化机电的管线设计。在 Autodesk Revit 中搭建初步设计机电模型,重点工作放在机电主管线和机电竖向管道的 BIM 模型上,对于进入房间的机电支管、管道附件、设备末端可放在初步设计末期或施工图设计阶段完善。该阶段机电专业 BIM 工作以主要管廊、大型设备用房的机电有理化设计为主。

图 1-25 初步设计阶段机电主管线 BIM 模型

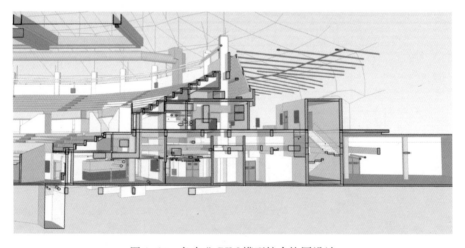

图 1-26 各专业 BIM 模型综合协同设计

从方案设计阶段进入初步设计阶段,Autodesk Revit 的协同设计平台作用逐渐凸显,有效保障了建筑、结构、机电各专业的协同设计模式,并能够很好地维护 BIM 数据架构的合理和 BIM 模型的完整,高效地将方案设计、初步设计和施工图设计阶段串联起来(图 1-26)。

1.1.3 BIM 工作流程——建筑施工图设计

施工图设计作为建筑设计的最后一个阶段,主要通过图纸,把设计者的意图和全部设计结果表达出来,作为实际施工作业的依据。

施工图设计阶段的 BIM 工作流程可概括的分为两类:

第一类为单一设计单位完成从方案设计—初步设计—施工图设计的整合设计流程,设计院内部各部门、各专业间进行协同设计工作,对 BIM 的标准及软件平台相对统一。

第二类为多参与方合作模式,由建筑设计方(如外资建筑师事务所)主导的方案设计、初步设计阶段,过渡到由施工图设计方(如国内建筑设计院)主导的施工图设计阶段,根据不同参与方的 BIM 软件选择习惯和 BIM 模型架构标准的不同,需要对初步设计阶段的 BIM 模型梳理调整和重组。

本节主要对第二类情况进行讨论,其具体流程如图 1-27 所示。

施工图设计阶段是对建筑各专业进行系统性的设计,BIM 应用对不同专业的用途也不尽相同。建筑专业在初步设计阶段的模型基础上继续深化,完善建筑专业的构件、辅助设计出图及统计工程量等工作。该阶段主要应用 Autodesk Revit 的建筑功能,完善建筑内隔墙、天花板、檐沟等建筑构件,为建筑专业出图提供模型支持,特别是在建筑平面图和剖面图的绘制过程中,可以应用 Autodesk Revit 进行模型剖切并调整线性、图层和填充样式,导出到 Autodesk AutoCAD 中再做完善最终出图,如图 1-28—图 1-30 所示。

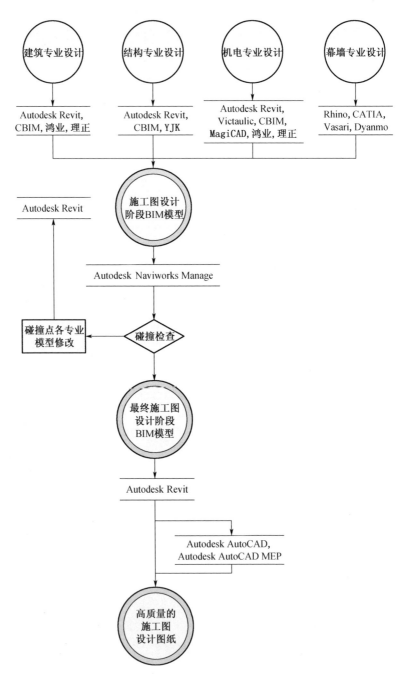

图 1-27 施工图设计 BIM 工作流程

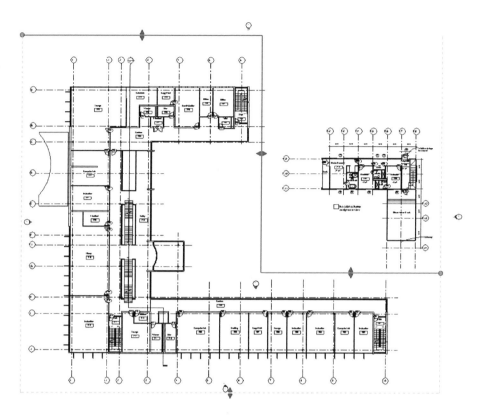

图 1-28　Autodesk Revit 中借助对常见文档规则的支持，优化施工图纸

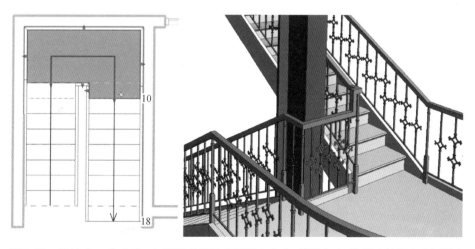

图1-29　通过 Autodesk Revit 增强的梯段水平距离宽度、楼梯表达、楼梯连接提高出图精度

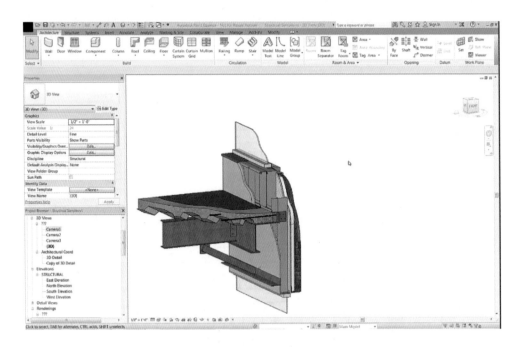

图 1-30　Autodesk Revit 的建筑节点效果

　　考虑到 BIM 模型的建设全生命周期的连续性,建筑专业 BIM 模型在施工图设计阶段需要进一步细分,如建筑墙体按楼层分层搭建、建筑墙体按设计要求分类、门窗等建筑构件与设计图纸中的门窗图纸对应。对模型的命名标准和系统划分方面也需进一步细分,满足设计阶段结束与施工单位的图纸交底要求。

　　结构专业的 BIM 设计也可以 Autodesk Revit 为主,该阶段的结构 BIM 主要满足专业间的设计协调工作,与机电专业配合进行机电预留预埋设计,增加结构梁、板、柱的留洞,同时辅助结构专业的部分出图工作。对模型的深度要求,混凝土结构保持与二维设计图纸一致,钢结构满足梁柱搭接即可,在钢结构深化设计阶段将使用TEKLA 等钢结构专业深化设计软件完成。Autodesk Revit 目前已支持结构详细模型的创建功能,为解决节点设计的可视化沟通,可以使用 Autodesk Revit 进行局部的钢结构节点模型搭建(图 1-31)。专业间的碰撞检查以 Autodesk Navisworks Manage 为主(图 1-32)。

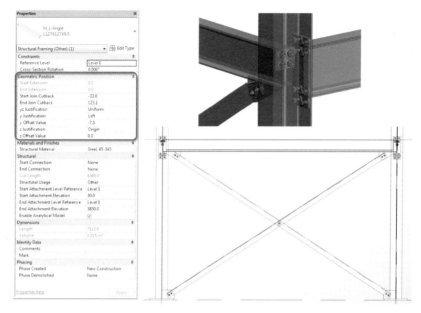

图 1-31　钢结构节点的可视化展示建模

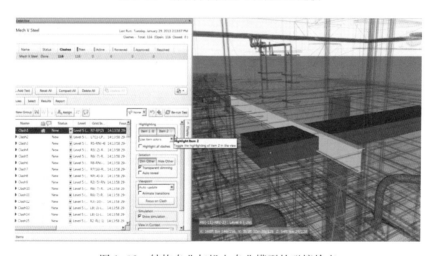

图 1-32　结构专业与机电专业模型的碰撞检查

使用 Autodesk Navisworks Manage 可以在查看碰撞时设置碰撞项目的高光颜色,并可以按照碰撞状态来查看碰撞(图 1-33)。在生成碰撞检查报告时,选择"只包含过滤结果(Include only filtered results)"标记框,以便只包含报告生成时在当前过滤碰撞结果列表中显示的碰撞。最后,当同一对复合对象之间出现多个碰撞时,他们将被视为单个碰撞。同一个复合对象的两个部分之间的碰撞将不会报告。这可以减少重复或多余的冲突,从而帮助减少模型中的碰撞数量。

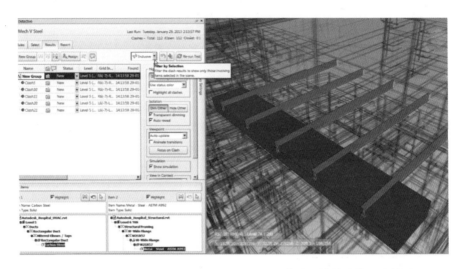

图 1-33　通过 Autodesk Navisworks Manage 统计碰撞检查位置及数量

　　机电专业在施工图设计阶段的 BIM 工作量是各专业中最大的,从初步设计阶段以确定机电主管线路和设备机房布置为主的工作转换,以机电管线综合、机电预留预埋设计为主的模型调整工作。该阶段的 BIM 软件平台主要以 Autodesk Revit 及相关插件为主。

　　为满足施工阶段的深化设计及施工精度需求,除了需要将机电专业模型进行楼层、分类、系统、类型等拆分,还可将 Autodesk Revit 机电专业的族文件库与真实产品构件库相关联(图 1-34),除了具有基本的外形几何参数外,还具备真实产品的性能曲线、真实照片等数据,相当于一个电子样本,对 BIM 的信息采集十分方便。

　　施工图设计阶段幕墙顾问单位进入后,一般通过 Rhino,CATIA,GC,Vasari,Dyanmo 软件继续深化建筑外表皮模型,再与建筑专业、结构专业的 BIM 模型整合,检查碰撞问题,如图 1-35 所示。

　　模型整合即可在 Autodesk Revit 中实现,如通过 Rhino 导出中间格式文件,再以族文件的格式载入 Autodesk Revit 中进行协同,也可通过 Autodesk Navisworks Manage 进行各专业模型的整合,通过

Autodesk Navisworks Manage 的碰撞检查功能进行幕墙与其他专业的冲突检查，并反馈到原始模型中优化调整。

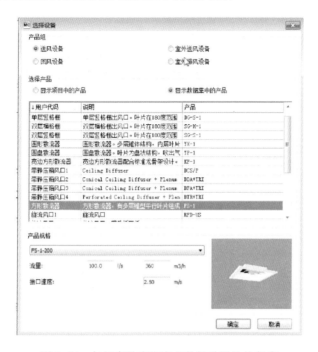

图 1-34　与厂家的真实产品数据关联的构件库

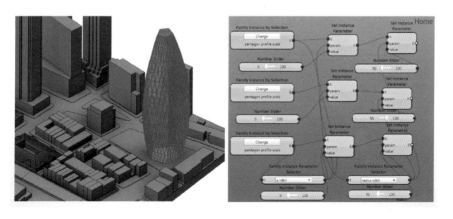

图 1-35　FormIT Professional(Project Vasari ＋ Autodesk 360 服务)

1.1.4   BIM 工作流程——机电深化设计

　　机电深化设计,是将施工图设计阶段完成的机电管线进一步综合排布,根据不同管线的不同性质、功能和施工要求,结合建筑室内设计的要求,进行统筹的管线位置排布,其成果作为最终机电安装的依据。机电深化设计 BIM 工作流程如图 1-36 所示。

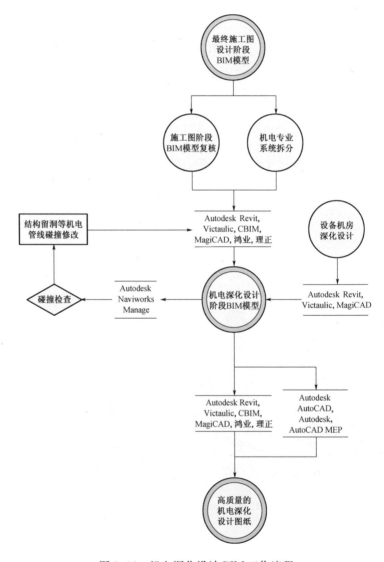

图 1-36   机电深化设计 BIM 工作流程

应用 BIM 的建筑项目,往往设计复杂,特别是机电管线密集且种类繁多,施工难度大,包括给排水、暖通、强弱电等各个专业和系统,多种管线交错排布,仅依靠施工图设计阶段的平面图纸、系统图纸和主要管廊的剖面图纸,无法满足机电施工的要求,经常会出现专业间交叉打架、大量拆改的现象。因此,基于 BIM 的机电管线综合的工作就非常必要。通过机电专业 BIM 模型的深化设计,合理分布机电工程各专业管线的位置,最大限度实现施工图设计阶段与施工阶段之间的过渡。

施工图设计阶段的 BIM 模型已完成机电管线的模型建立工作,并进行了主要管路的综合设计和结构专业的预留洞口设计。在此基础上,机电深化设计单位可以基于 Autodesk Revit、Autodesk AutoCAD MEP、Victaulic(唯特利)基于 Revit 插件、CBIM 或 MagiCAD 进行 BIM 模型的管线综合设计,下面将此部分的工作进一步细分拆解。

1) 复核施工图设计阶段 BIM 模型的架构和标准

BIM 模型按专业划分为:建筑、结构、电气、弱电、暖通、给排水、消防。施工图设计阶段 BIM 主要为建筑设计服务,所以其中的机电专业系统划分不会从施工角度考虑。所以,机电深化设计单位需要根据设计需要对机电专业的系统进一步拆分,主要有电气:动力、照明、插座;弱电:综合布线、安防、消防报警、广播、自控;暖通:风系统、水系统;结构、建筑专业可延续施工图设计阶段的体系,不再分系统。以 Autodesk Revit 为例,模型文件的命名方式可以为"项目编号_项目简称_专业名称_专业子项_模型名称_版本号"。

(1)项目编号:以公司指定的项目编号为准。

(2)项目简称:简称中文、英文均可。

(3)专业名称:一律用英文简称。

(4)专业子项:可选项,当项目比较大时,往往对项目进行一定程度的细分,如按区域划分、专业内细分等,此时可使用子项名称。

(5)模型名称:模型名称可行定义,以简单易懂为原则,也可借鉴 DWG 文件的命名方式。如,某项目 DWG 名称为"×××平面图.dwg",此时模型可命名为"×××平面.rvt"。

(6)版本号:用"×××.0X"表示,也可用时间表示。

机电专业系统设定后(图 1-37),还需对其管道、管件类型、材质进行设定,比如弯头、三通、过渡件、活接头等管道附件的设备类型、连接方式,等等,如图 1-38 所示。该项设置对机电深化设计模型辅助工程量统计和未来施工阶段的信息查询有非常重要的作用。

机电深化设计的 BIM 模型除了系统需要细化,还需复核施工图设计 BIM 模型的拆分情况,比如模型是否按建筑楼层已经切割开来。根据机电深化设计划分好 BIM 模型的系统后,对各机电子系统需要区分颜色,如图 1-39 所示。

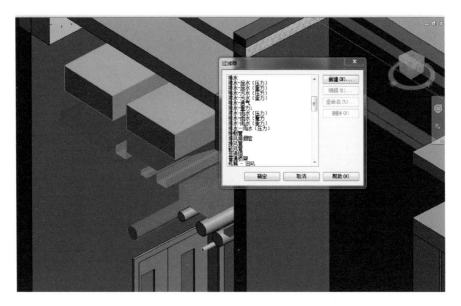

图 1-37　Autodesk Revit 机电专业系统划分

2) 机电深化设计 BIM 模型搭建及深度要求

施工图设计阶段的机电专业模型深度一般满足主管线建立并进行管线综合即可,对进入房间的空调支管、给排水和消防水管支管,一般不搭建模型或者仅给出示意性建模,管线的高度与水平位置需要在精装修设计介入后完成调整,而精装修深化设计的阶段往往是在施工图设计阶段之后,与机电深化设计阶段有部分交叉。所以,机电深化设计的前期以主管线综合设计为主,与结构专业配合进行结构梁和承重墙的孔洞预留设计,反应在 BIM 模型中则需要调整施工图设计阶段的机电管线,建立结构构件穿过的预留孔洞,如图 1-40 所示。

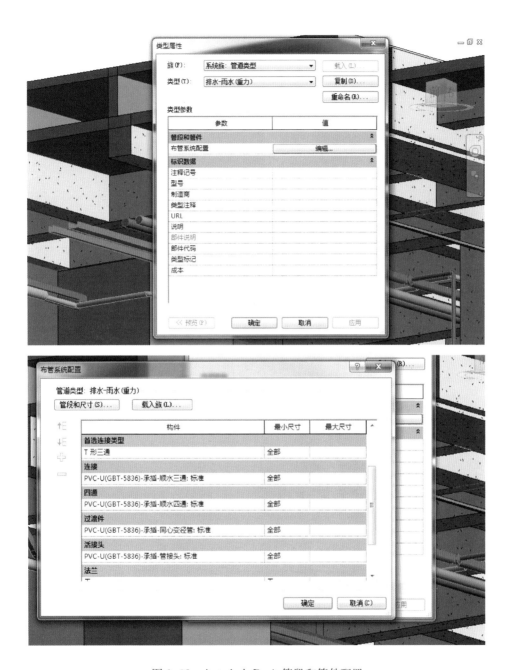

图 1-38　Autodesk Revit 管段和管件配置

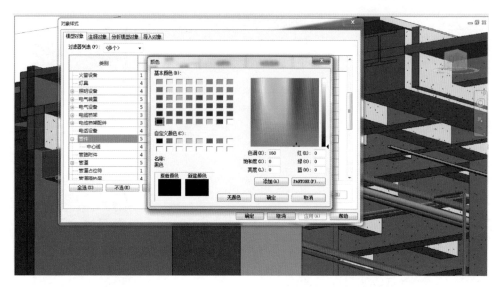

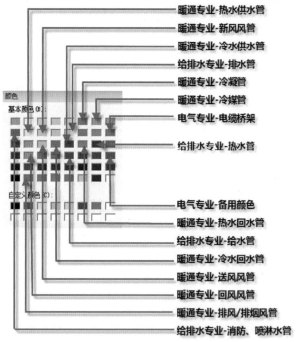

图 1-39　机电专业管道模型颜色分类示例

暖通专业-热水供水管
暖通专业-新风风管
暖通专业-冷水供水管
给排水专业-排水管
暖通专业-冷凝管
暖通专业-冷媒管
电气专业-电缆桥架
给排水专业-热水管
电气专业-备用颜色
暖通专业-热水回水管
给排水专业-给水管
暖通专业-冷水回水管
暖通专业-送风风管
暖通专业-回风风管
暖通专业-排风/排烟风管
给排水专业-消防、喷淋水管

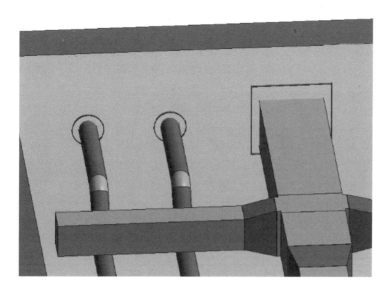

图 1-40　Autodesk Revit 中建立的结构预留孔洞和套管模型

　　机电深化设计的中期,对施工图设计阶段的设备机房要进行深化设计,施工图设计阶段的机电设备机房,BIM 模型往往空置或者布设示例性大型机电设备,因为施工图设计深度无法确定设备选型,进而也就无法进行真实有效的设备机房内部管线综合设计(图 1-41)。在机电深化设计阶段,机电深化设计单位根据自身经验和业主方的要求,在设备机房内布设与未来采购设备尺寸、重量类似的模型,并进行机电管线布设。

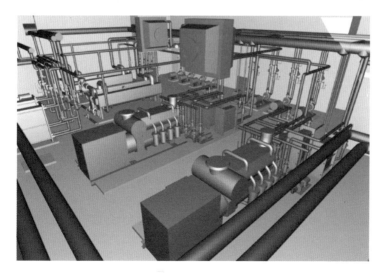

图 1-41　机电设备用房的管线综合设计

　　机电深化设计的后期，在机电主管线路完成深化设计后，需要考虑综合支吊架的设计，该部分工作反映在 BIM 模型中则需要建立综合支吊架的 BIM 模型(图 1-42 和图 1-43)。

图 1-42　机电管线综合支吊架模型

图 1-43　设备机房内部的综合支吊架设计

3）辅助机电深化设计出图工作

从机电深化设计内容上分，一份完整综合图包括：综合管线平面图，图例，施工说明，剖面图，大样图。BIM模型可以辅助导出平面图、剖面图和部分的大样图（图1-44），在Autodesk AutoCAD中调整直至满足出图标准。

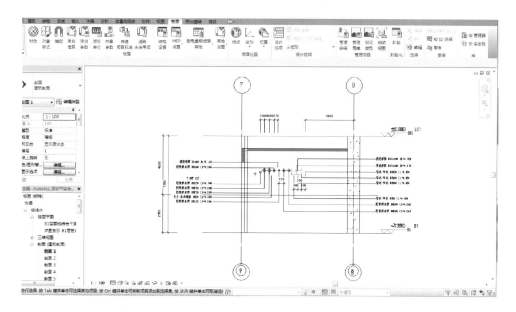

图1-44 在Autodesk Revit中生成的机电管线综合剖面

1.1.5 BIM工作流程——绿色节能

绿色建筑是未来建筑发展的方向，建筑的绿色节能设计通过最大限度地节约资源，保护环境和减少污染，为人们提供健康、适用和高效的使用空间，提供与自然和谐共生的建筑设计手法。目前国内大力提倡建设绿色节能建筑，打造绿色节能城市。BIM在这个环节中能够起到至关重要的促进作用。绿色建筑设计认证流程如图1-45和表1-1所示。

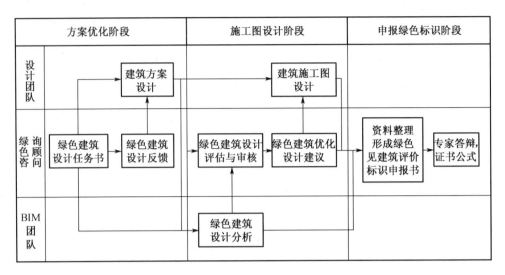

图 1-45 绿色建筑设计认证流程

表 1-1 绿色建筑设计认证

工作内容				工作成果
阶段	工作事项	序号	工作分项	
方案优化阶段	绿色建筑设计任务书	1	总平专业绿色建筑设计建议	完成《项目绿色建筑设计任务书》
		2	各专业(建筑、结构、水、电、暖通、智能化、景观园林和室内装修等)绿色建筑设计建议	
	绿色建筑设计反馈	1	针对项目设计成果提出意见反馈	《设计成果意见反馈(基于绿色建筑设计与优化建议)》
施工图设计阶段	绿色建筑评估、审核意见和优化建议报告	1	进行典型平面室内外风模拟分析,进行噪声、采光模拟分析(对项目进行建筑室内外声、光、风环境等模拟优化分析)	《各分项模拟分析报告》、《技术实施方案》相关成果内容对设计单位的指导
		2	《技术实施方案》实施与施工图设计单位前期沟通	
		3	基于《技术实施方案》落实的施工图设计过程指导	
		4	对施工图设计进行评估和优化建议,提交阶段性成果评审意见	

续表

工作内容				工作成果
阶段	工作事项	序号	工作分项	
申报绿色建筑设计评价标识阶段	申报绿色建筑设计标识	1	形成申报资料清单	根据申报资料要求，细化申报资料清单。收集、整理、编制相关申报文件
		2	设计标识参评所需资料收集、整理、完善	
		3	编制《绿色建筑评价标识申报书》（设计阶段）及《自评估报告》	《绿色建筑评价标识申报书》（设计阶段）《绿色建筑评价标识自评估报告》（设计阶段）
		4	网上申报及资料补充（调整）	依据评审单位绿色建筑评价标识证明材料、清单内容及要求，整理证明材料
	证书公示	1	进行技术答辩，解答专家对项目的疑问	对项目的疑问进行回复，协助评审机构填写证书所需资料

BIM 在建筑的绿色节能设计中，会利用到各种对建筑性能进行绿色节能分析的软件，主要软件如表 1-2 所示。

表 1-2　　　绿色建筑节能分析软件的分类与功能

	流体力学分析软件	建筑能耗及建筑全生命周期分析软件	日照及采光分析软件
软件分类	Ansys CFX Fluent Phoenics	Equest 初设 DeST IES Energyplus DesignBuilder 初设 Green Building Studio DOE-2 VisualDOE PowerDOE Vasari	Autodesk Ecotect Radiance DIALux

续表

主要功能	建筑风环境分析 民用建筑自然、机械通风效果分析 工业通风效果分析 建筑污染物扩散分析	建筑全年能耗分析 全生命周期分析 改造节能率效果评价	日照分析 建筑采光分析 室内眩光及显色指数分析 建筑可视度分拆
软件分类	声环境分析	太阳能集热系统分析软件	热岛效应
	Cadna/A	Polysun	清华 SPOTE ENVI-met
主要功能	建筑环境噪声分析	太阳能集热系统优化设计及分析	热岛效应分析

基础模型及绿色建筑设计、咨询及分析模拟的关系如图 1-46所示。

图 1-46　基础模型及绿色建筑设计、咨询及分析模拟的关系图

1.1.6　BIM 工作流程——建筑运营

BIM 在建筑开发阶段已经获得了成功的应用,其价值也获得了包括业主、设计院、施工企业等建筑开发阶段中各参与方的广泛认

可。但与建筑开发阶段的时间长度相比,建筑的运营阶段往往占到建筑全生命周期的90%以上,在这个阶段通过有效的利用BIM,以及承载在BIM中的各种与建筑运营相关的数据信息,也能为建筑产生巨大的价值。

从图1-47所列的"建筑全生命周期主要业务活动",再充分考虑后期的运营管理需要,可依托BIM模型,结合市场现有运营平台或自行开发适用于项目的运营系统,整合后的BIM模型信息,将设施资产管理与设备运营管理集成到三维可视化平台,并结合物联网技术,使用自主开发的手持设备及芯片,进行现场管理。其功能主要包括设施资产管理、设备运营管理、应急预案管理等。

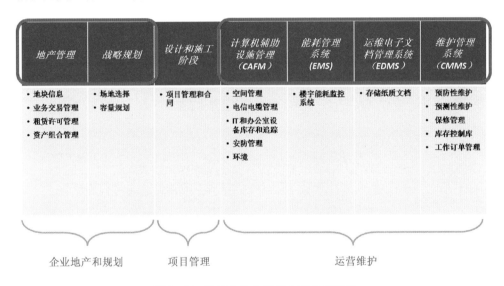

图1-47 建筑全生命周期主要业务活动

其优势在于:基于数据库的管理系统,调用的是逻辑关联的信息,如设施三维模型与设施使用手册、运行参数、保养周期等关联,消除查阅纸质文件的不便;运营工单与维修人员和备品备件库存管理联动;应急工单与应急人员和物资联动,提高运营可靠性和应急处理能力。

BIM建筑运营工作流程如图1-48所示。

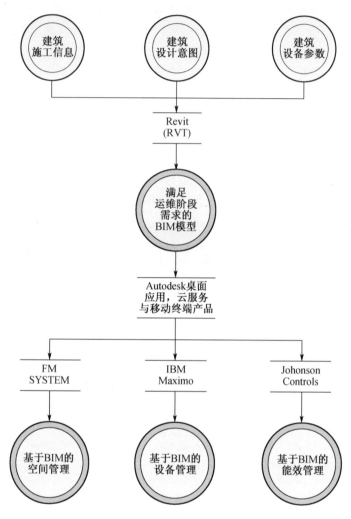

图 1-48　BIM 建筑运营工作流程

1.2　BIM 软件应用范围

　　表 1-3 列出了在设计阶段、施工阶段、运维阶段等建筑全生命周期中,具有代表性的 BIM 软件及其具体应用。

表 1-3　　　　　BIM 软件在建筑全生命周期中的应用

软件工具		设计阶段			施工阶段				运维阶段		
公司	软件	方案设计	初步设计	施工图设计	施工投标	施工组织	深化设计	项目管理	设施维护	空间管理	设备应急
Trimble	SketchUp	•	•								
Robert McNeel	Rhino	•	•			•					
AutoDesSys	Bonzai3D	•	•								
Autodesk	Revit	•	•	•	•	•	•				
	Showcase	•	•								
	NavisWorks		•	•	•	•	•	•	•	•	•
	Ecotect Analysis		•								
	Robot Structural Analysis		•	•							
	Inventor						•				
	AutoCAD Architecture	•	•	•							
	AutoCAD MEP	•	•								
	AutoCAD Structural Detailing	•	•								
	Civil 3D		•								
Graphisoft	ArchiCAD	•	•								
Progman Oy	MagiCAD		•	•							
Bentley	AECOsim Building Designer	•	•	•							
	AECOsim Energy simulator		•	•							
	Hevacomp		•	•							
	STAAD. Pro		•	•							
	ProSteel			•			•				
	Navigator		•	•	•			•			
	ConstructSim				•	•					
	Facility Manager								•	•	
Trimble	Takla Structure		•	•	•	•					
FORUM 8	UC-Win/Road	•	•								
Nemetschek	Vector Works Architect	•	•								
Gehry Technologies	Digital Project	•	•	•			•				
Solibri	Model Checker	•	•	•						•	
	Model Viewer	•	•	•				•	•	•	
	IFC Optimizer	•	•	•							
	Issue Locator	•	•	•							
ArchiBus	ArchiBus								•	•	•

1.3　BIM 应用小结

　　通过以上的分析与介绍,我们对 BIM 工作流程与应用范围有了一个比较清晰的认识与了解,同时也发现与国外先进国家的 BIM 应用水平相比,国内还相对处于起步摸索阶段。之所以会出现这样的情况,与国外的相关企业较早投入相关领域的应用研究,加上政府层面的大力推广与支持,以及建立有效完善的技术标准密不可分。

1.3.1　国外 BIM 政策标准简述

1）欧美国家

美国作为全球 BIM 的大本营,BIM 的研究与应用最为领先,并且在政府层面也进行了大量的引导与推动。

以负责美国所有联邦设施建造和运营的美国总务署(GSA)为例。所有 GSA 的项目都被鼓励采用 3D-4D-BIM 技术,并且根据采用这些技术的项目承包商的应用程序不同,给予不同程度的资金支持(图 1-49)。

而隶属于美国联邦政府和美国军队的美国陆军工程兵团(USACE),也发布了为期 15 年的 BIM 发展路线规划。规划中,USACE 承诺未来所有军事建筑项目都将使用 BIM 技术。

在 BIM 标准方面,由 2007 年成立的美国 building SMART alliance,开发和维护了 IFC(Industry Foundation Classes)标准以及 openBIM 标准,此外该联盟还发布了 National BIM Standard-United States(NBIMS-US)标准。

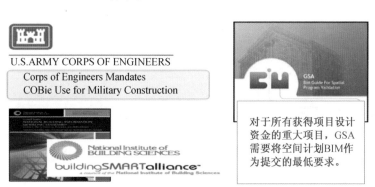

图 1-49　美国 BIM 政策及标准

英国内阁办公室部长发布了"政府建设战略"文件,其中提到:"将实施一个为期四年的 BIM 推动战略。以开启一个全新的更为高效的协同工作模式。通过 BIM 技术的大规模应用,使得英国成为数字化建设领域的领导者。"英国在 BIM 领域的雄心壮志非同一般(图1-50)。

图 1-50 英国 BIM 政策及标准

而在相关的 BIM 标准方面,英国在 2009 年 11 月发布了"AEC (UK)BIM 标准",在此基础上,随后又发布了适用于不同 BIM 软件 (如 Autodesk Revit)的 BIM 标准。

2)亚太国家

日本是亚太地区较早应用 BIM 的国家之一,并且在政府层面作了相当多地探索和研究。2014 年 3 月,日本的国土交通省(MLIT, Ministry of Land,Infrastructure,Transport and Tourism)发布了 BIM 运用的方针和标准,明确了 BIM 建模和应用的注意事项,具体的应用内容,模型的精度标准等(图 1-51)。

图 1-51 日本 BIM 政策及标准

2012 年 6 月,澳大利亚的 Building SMART 组织,受澳大利亚工业、创新、科学、研究和高等教育部委托发布了一份《国家 BIM 行动方案》(National Building Information Modelling Initiative)。该方案建议:自 2016 年 7 月 1 日起,所有澳大利亚政府的建筑采购要求使用基于开放标准的全三维协同 BIM 进行信息交换。同时,通过澳大利亚国务院鼓励州和地方政府在 2016 年 7 月 1 日起,其建筑采购同样要求使用基于开放标准的全三维协同 BIM 进行信息交换(图 1-52)。

图 1-52　澳大利亚 BIM 政策及标准

2012 年 5 月,新加坡国家发展部属下建设局(BCA, Building & Construction Authority)发布了新加坡 BIM 应用指南(Singapore BIM Guide)。逐步要求以 BIM 提交蓝图方案,到 2014 年,所有 5 000 平方公尺以上项目的建筑及工程蓝图都必须以 BIM 提交(图 1-53)。

图 1-53　新加坡 BIM 政策及标准

香港房屋委员会（房委会）自 2006 年起，在公屋发展项目中率先试用 BIM。到目前为止，已有超过 19 个公屋发展项目，在不同阶段（包括从可行性研究到施工阶段)应用了 BIM。同时为了更大范围内推动与规范 BIM 的应用，房委会也制定了相应的技术标准，包括应用指南、组件库设计指南和参考资料(图 1-54)。

图 1-54　中国香港 BIM 政策及标准

1.3.2　国外 BIM 应用情况评价

美国麦格劳-希尔集团（McGraw Hill Construction）在 2013 年的一组统计分析数据指出(图 1-55)：

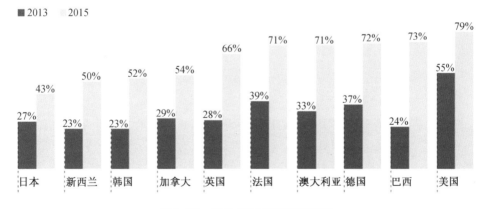

图 1-55　国外 BIM 应用发展趋势

- 在两年内，具备较强 BIM 实施能力总包商的平均比例将从

39%迅速发展到 69%;

- 美国目前及未来在实施 BIM 能力方面都是领跑者;
- 代表发展中国家的巴西将会有近 3 倍的增长。

同时 bimSCORE 组织在 2013 年发布的对 2012 年亚洲主要国家与欧美在 BIM 成熟度方面的比较数据表明,欧美国家处于绝对领先的位置,而亚太国家与之相比,在 BIM 应用的成熟度上还有一段不小的差距,这同时也意味着亚太国家在 BIM 应用上还有巨大的潜力可以挖掘(图 1-56)。

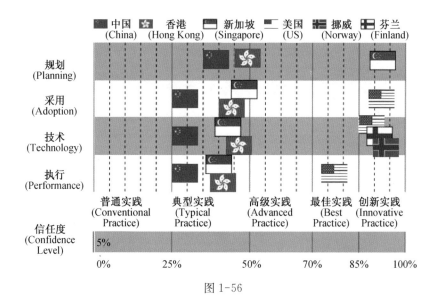

图 1-56

1.3.3 国内 BIM 政策标准评述

得益于中国巨大的建筑开发市场,近几年来 BIM 发展突飞猛进,形成了一股 BIM 热潮,同样也得到了政府层面的大力扶持(图 1-57)。

2011 年 5 月,住建部印发的《2011—2015 年建筑业信息化发展纲要》中提出:在"十二五"(2011—2015 年)期间加快推广 BIM、协同设计、移动通讯、无线射频、虚拟现实、4D 项目管理等技术在勘察设计、施工和工程项目管理中的应用。这是中国最早在国家政策层面,对 BIM 的最明确支持。

图 1-57 国内 BIM 政策及标准

随后的 2012 年,BIM 的相关技术标准制定工作,开始有序推进,先后启动了《建筑工程信息模型应用统一标准》、《建筑工程设计信息模型交付标准》、《建筑工程设计信息模型分类和编码标准》等一系列国家级的 BIM 标准,目前这些标准正在最后审批或处于成果征求意见阶段,很快将予以发布。

在 2014 年 7 月,住建部再次发文《关于推进建筑业发展和改革的若干意见》,明确指出"推进建筑信息模型(BIM)等信息技术在工程设计、施工和运行维护全过程的应用,提高综合效益。"

与此同时,各省市地方也不甘落后,也相继制定了明确的 BIM 应用指导意见。如广东省住房和城乡建设厅在 2014 年 9 月发布的《关于开展建筑信息模型 BIM 技术推广应用工作的通知》中提出:

• 2015 年底,基本建立 BIM 技术推广应用的标准体系及技术共享平台;

• 2016 年底,政府投资的 2 万 m^2 以上的大型公共建筑,以及申报绿色建筑项目的设计、施工应当采用 BIM 技术;

• 2020 年底,广东省全省建筑面积 2 万 m^2 及以上的建筑工程项目普遍应用 BIM 技术。

随后的 2014 年 10 月,上海市人民政府办公厅印发的《关于在本市推进建筑信息模型技术应用指导意见》中也提到:

• 2015 年起,选择一定规模的政府投资工程和部分社会投资项目进行 BIM 技术应用试点。

• 2017 年起,本市投资额 1 亿元以上或单体建筑面积 2 万 m^2

以上的政府投资工程、大型公共建筑、市重大工程实现设计、施工阶段 BIM 技术应用。

 • 世博园区、虹桥商务区、国际旅游度假区、临港地区、前滩地区、黄浦江两岸等六大重点功能区域内的此类工程,全面应用 BIM 技术。

同样的各省市地方的 BIM 标准制定也在紧锣密鼓的展开。北京市在 2014 年 9 月,率先发布了中国大陆的第一部 BIM 技术标准,《北京市地方标准——民用建筑信息模型(BIM)设计基础标准》。而上海、四川、重庆、辽宁等地,也都在积极推进 BIM 标准的制定工作。

综上所述,虽然国内 BIM 应用起步相对较晚,但发展迅速,正在逐步缩小与国外的差距,大有迎头赶上之势。

1.3.4 国内 BIM 大赛评述

根据中堪协"创新杯"BIM 大赛 2009—2012 年数据统计,每年大赛的报名项目数量逐年增长,表明国内实际正在进行中项目在逐年增加,设计企业 BIM 的投入在增加。在 2010 年全国 BIM 行业有一个比较大的爆发后,并趋于平稳(图 1-58)。

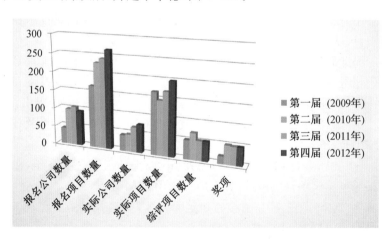

图 1-58 "创新杯"BIM 大赛 2009—2012 年数据统计

从 2010 年开始,BIM 大赛已经有施工及运营阶段的案例出现,2012 年施工阶段案例占到全部项目的 8%,运营阶段案例占到全部项目的 2%,预计未来 2~5 年是施工与运营阶段的 BIM 应用成熟期。

2 BIM 存储标准

2.1 BIM 存储标准应用领域范围

BIM 数据存储应该贯穿整个建筑全生命周期,根据近几年国内 BIM 实际发展情况分析,现阶段 BIM 存储数据应用主要在设计阶段。以 2009 年"上海中心"项目为标志,业主方 BIM 的应用需求已经被提出,因此 BIM 存储数据应用正在逐步转入施工阶段和运营阶段。

随着云平台、平板电脑、移动技术及物联网的应用,BIM 数据存储将从专业化往公众化扩展,特别是运营阶段,大到办公室管理,小到家居装修都会涉及 BIM 数据存储。因此,BIM 数据存储责任主体也将由设计院、施工单位、业主向公众方转移。

2.2　BIM 存储多专业协同软件技术研究

以 Autodesk Revit 为例,使用 Autodesk Revit Server 作为项目管理平台进行数据管理,实现多专业协同。

那什么是 Autodesk Revit Server?

Autodesk Revit Server 是 Autodesk Revit 自带的一种服务器应用程序。它为基于 Autodesk Revit 的项目实现基于 WAN 的共享服务。

Autodesk Revit Server 其功能基本类似与中心文件;而中心文件是基于局域网,是在局域网中某台服务器或工作站进行文件共享,多个 Autodesk Revit 应用程序按照一定的规则和约束共同操作这个文件。但当我们的设计团队是跨地域时,这种模式就不是特别适合,因为我们对中心文件的同步会引起几兆或几十兆的数据传输,这样慢速的数据链路会很大的影响数据同步的体验,可能等待几分钟或者是更长的时间。这是设计团队所不能忍受的,也是没有工作效率的。

Autodesk Revit Server 就是为了解决这个问题而存在的,他提供了 Revit 模型中心文件跨 LAN 较高速同步的一种可能。

Autodesk Revit Server 的运作原理

Autodesk Revit Server 的网络体系结构由两种不同的角色:一种类似我们现有的中心文件,称作"中心服务器角色";另一种是相对应的"中心服务器角色"的"本地服务器角色",它可以存在于设计团队内网以外的任何地点。

Autodesk Revit Server 网络体系结构由一台中心服务器连接多台本地服务器的中心服务器组成(图 2-1)。无论在本地服务还是在中心服务器所在物理位置都建设一套高速的局域网体系,将 Revit 客户端和服务器连接在一起。当然在一个局域网内同时存在一个中心服务器角色和多个本地服务器角色也是可以的,可以起到负荷分担的作用,但从现有的 Autodesk Revit Server 的支持规模来讲,基本没有太大的意义。

Autodesk Revit 客户端有一项指定 Autodesk Revit Server 的设置项,一般都把它设定到局域网内的 Autodesk Revit Server,这样 Autodesk Revit 就可以使用 Autodesk Revit Sever 的模型资源了。当系统中任何一台 Autodesk Revit 客户端向服务器增加新的模型数据（RVT 文件）, Autodesk Revit Server 之间都会自动传递这一增加,其他的 Revit 客户端也可以读取这一新的模型资源。

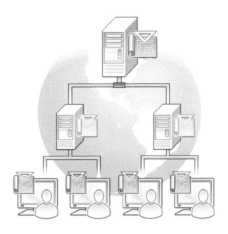

图 2-1　Autodesk Revit Server 网络体系结构

当其他客户端需要使用服务器的模型资源时,都会在 Autodesk Revit 客户端本地建立一个本地副本,所有的设计修改都先保存在这个本地副本。当使用"与中心文件同步"命令时,Autodesk Revit 客户端会把在本地的更新上传到指定的 Autodesk Revit Server,同时将团队中其他成员对模型的修改也一并同步传回本地副本中。 Autodesk Revit Server 本地服务器在收到 Autodesk Revit 客户端传回的修改都会自动向中心服务器同步这些更新。

2.3　BIM 存储格式与软件研究

本节主要介绍欧特克公司 BDS 旗舰产品 BIM 存储格式及软件方面的研究,其中表 2-1 为 BDS 旗舰版主要文件交换格式及产品对应表。

表 2-1 BDS 旗舰版主要文件交换格式及软件

文件格式	类型	用途	软件
RVT	项目	BIM 基础创建数据载体	Revit
RFA	族文件	最小 Revit 构造单元	Revit
NWC	缓存文件	各种数据中转数据	Navrsworks
NWD	发布文件	多方应用数据载体	Navrsworks
NWF	文件集	管理连接 NWC 文件	Navrsworks
DWG	转换文件	BIM 数据连接 AutoCAD 载体	AutoCAD 系列软件
SAT	转换文件	施工阶段转化文件	Inventor
IFC	转换文件	其他软件转化文件	其他软件公司产品
GBXML	转换文件	绿色分析转化文件	GBS
IPT	零件	施工加工零件文件	Inventor
IAM	部件	管理 IPT 零件文件	Inventor
ADSK	转换文件	Inventor 转 Revit 族文件	Inventor, Revit

2.4 BIM 软件之间的数据交换

BIM 实施过程中,为了满足不同的需要,将采用多种 BIM 软件,因此,不可避免地需要在不同的 BIM 软件之间进行数据交换。如何使模型在不同软件之间交换,而交换过程中又如何确保数据的完整性,以避免任何形式的数据丢失成为关键。

Autodesk Revit 建立的数据模型可导出多种格式,其中有以下几种(图 2-2)。

不同格式应用于不同软件之间的数据交换,其中 Autodesk Revit 与 Autodesk Navisworks 软件之间的数据交换格式可采用 DWF,IFC,NWC 几种。建议使用 Autodesk Navisworks 直接打开 Revit 格式文件,打开同时软件会自动生成 NWC 格式文件作为缓存格式(图 2-3 和图 2-4)。

Autodesk Revit 模型与 Autodesk Inventor 软件之间格式交换可采用 DWG 和 SAT 格式,二维格式可选择采用 DWG 格式,三维模型通过 SAT 格式交换。

创建交换文件并设置选项。

 CAD 格式
创建 DWG DXF DGN 或 SAT 文件。 ▸

 DWF/DWFx
创建 DWF 或 DWFx 文件。

 建筑场地
导出 ADSK 交换文件。

 FBX
将三维视图另存为 FBX 文件。

 族类型
将族类型从当前族导出到文本(.txt)文件。

 NWC
将场景另存为 Navisworks NWC 文件。

 gbXML
将项目另存为 gbXML 文件。

 体量模型 gbXML
将概念能量模型保存为 gbXML 文件。

 IFC
保存 IFC 文件。

 ODBC 数据库
将模型数据保存到 ODBC 数据库。

 图像和动画
保存动画或图像文件。 ▸

图 2-2 Autodesk Revit 所能输出的模型格式

　　Autodesk Revit 模型可通过 SAT 格式直接导入 Autodesk Inventor 中,但如需要在 Autodesk Inventor 中进行预制加工,通过 SAT 格式导入的文件无法进行分段编辑,此时需要通过 Autodesk Revit 进行部分二次开发,导出 Autodesk Revit 中管线中心线,然后在 Autodesk Inventor 中布置管线,分段并出图(图 2-5—图 2-7)。

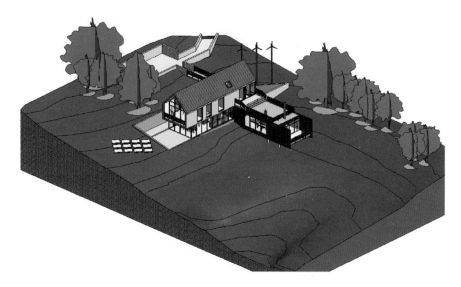

图 2-3　Autodesk Revit 中的 BIM 模型

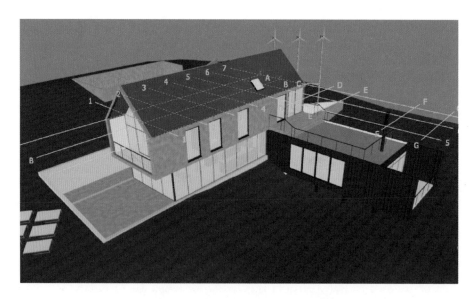

图 2-4　导入 Autodesk Navisworks 中的模型

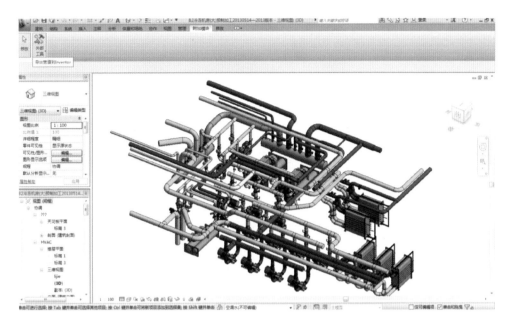

图 2-5 Autodesk Revit 中管线模型

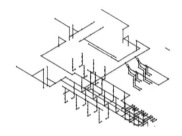

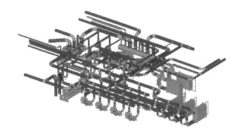

图 2-6 Autodesk Revit 中管中心线   图 2-7 Autodesk Inventor 中布置管线

  Revit 与 DELMIA 软件的数据交换需要通过 Inventor 作为中间转换工具,具体操作方法如下:

  在 Inventor 中打开上述 Revit 建筑模型,几何外形除场地外,其他模型基本完整,但材质及构件信息完全丢失。但 DELMIA 作为施工组织模拟工具,对构件信息要求不高,Revit 中的曲面场地模型无法导入 Inventor,在建模过程中可使用楼板代替场地功能建立,这样既可在 Inventor 接收场地模型(图 2-8 和图 2-9)。

  从 Inventor 中可直接保存为 CATIA 的数据格式(图 2-10)。

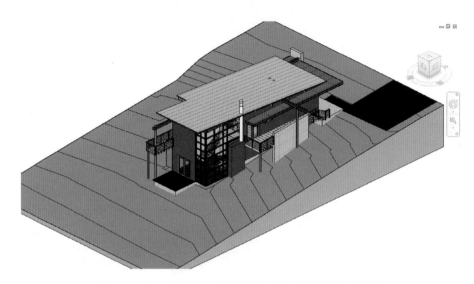

图 2-8   Autodesk Revit 模型导出 SAT 格式数据,需通过
Inventor 作为中间转换的工具

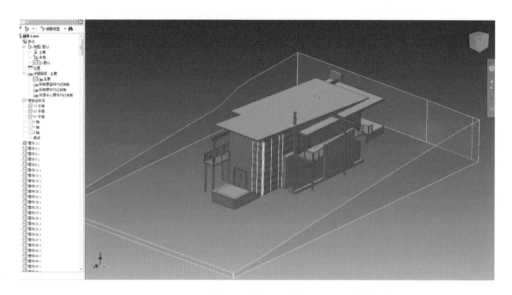

图 2-9   Inventor 界面

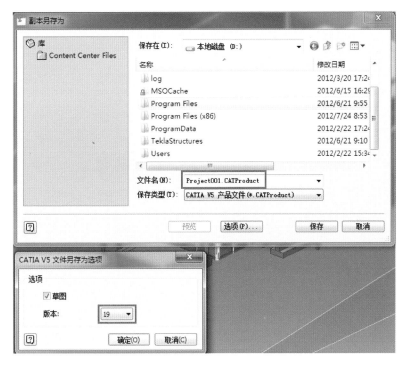

图 2-10 CATIA 界面

CATIA 中打开模型,与 Inventor 中一致,除场地外,其余几何外形数据基本完整(图 2-11)。

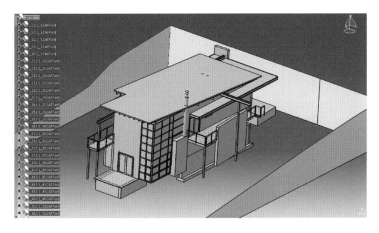

图 2-11 模型在 CATIA 中的界面

BIM

3 BIM 软件研究

3.1 BIM 工具的演变和发展

类似 BIM 的技术研究从 20 世纪 70 年代开始,行业分析家 Jerry Laiserin 发表于 2002 年 12 月 16 日的文章"Comparing Pommes and Naranjas"是 BIM 作为一个专门术语被工程建设行业广泛使用的开始。

3.1.1 Dassault Systèmes

最早的类似于 BIM 的应用,可以追溯到 20 世纪 90 年代。

1994 年 6 月 12 日第 1 架波音 777 首次试飞,波音 777 是波音公司首次完全利用计算机绘图进行设计的飞机,整个设计过程并没有使用纸张绘图,而是使用一套来自达索系统公司(Dassault Systèmes),称为 CATIA 的三维计算机辅助设计软件来实现的。在设计阶段,事先在计算机中"建造"一架虚拟的波音 777,让工程师可以及早发现任何误差,并预先判定数以千计的零件是否配合妥当,然后才制作实体样机(图 3-1 和图 3-2)。这种设计方法的优势是先而易见的,原先在制造阶段才会暴露出来的问题,在设计阶段就被提前发现并予以解决,由此大大缩短了整个项目的研制周期。

图 3-1　波音的飞机制造车间

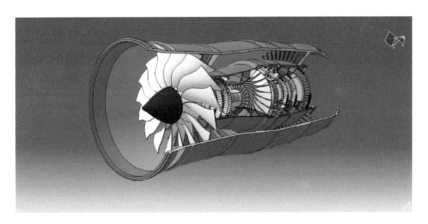

图 3-2　用 CATIA 制作的飞机发动机三维模型

随后这种利用三维计算机辅助设计的方式被迅速推广到整个制造行业。进入 21 世纪后,随着 BIM 概念的广泛兴起,建筑设计行业也开始逐步兴起使用三维计算机辅助设计软件来进行建筑设计。

3.1.2 Autodesk Revit

Revit 是 Revit Technology 于 1997 年开发一款三维建筑设计软件。Revit 的原意是 Revise immediately,中文含义为"所见即所得"。Revit Technology 在 2002 年被全球最大的二维、三维设计和工程软件公司欧特克(Autodesk)收购,成为其旗下的产品之一,并改名为 Autodesk Revit。经过近 20 年的发展,目前 Autodesk Revit 已经成为国际最知名的 BIM 软件之一,同时在国内的建筑行业中使用最为广泛的 BIM 软件之一(图 3-3)。

图 3-3　Autodesk 丰富的针对不同行业的产品线

3.1.3 Gehry Technology

弗兰克·盖里(Frank Gehry),犹太裔美国建筑师,是当代最富盛名的解构主义建筑师,以设计具有奇特不规则曲线造型雕塑般外观的建筑而著称,其最著名的建筑设计,是位于西班牙毕尔包,有着钛金属屋顶的毕尔巴鄂古根汤姆美术馆（Museo Guggenheim Bilbao）。

21世纪初，弗兰克·盖里和他的团队组建了铿利科技（Gehry Technology）。铿利科技在原本应用于制造业的三维计算机辅助设计软件CATIA基础上进行优化设计，专为建筑行业定制开发了名为Digital Project的参数化BIM设计软件（图3-4）。

图 3-4　Digital Project

3.1.4　AVEVA

AVEVA 集团公司旗下的 AVEVA PDMS（Plant Design Management System，三维布置设计管理系统）广泛应用于海洋工程、石油、天然气、化工、电力、锅炉、钢结构、燃气等多个领域，在世界范围和中国工程界拥有较高的知名度（图3-5）。

AVEVA PDMS为一体化多专业集成布置设计数据库平台，在以解决工厂设计最难点——管道详细设计为核心的同时，解决设备、结构土建、暖通、电缆桥架、支吊架各专业详细设计，各专业间充分关联联动。AVEVA PDMS 三维模型可直接生成自动标注之分专业或多专业布置图、单管图、配管图（下料图）、结构详图、支吊架安装图等，并抽取材料等报表，如图 3-6 所示。

图 3-5　AVEVA 行业分布

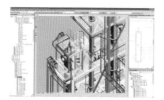  

AVEVA PDMS 系统的核心组件模块

■ **Monitor 监控模块**
□ 控制登录进入
□ 自定义接口
□ 使用命令集定义宏
□ 使用命令集设置批处理文件
■ **Design 设计模块**
□ 设备
□ 管道
□ 土建结构
□ 通风
□ 电缆桥架、
□ 支吊架、暖通等）
□ 实时干涉检查
□ 方便快捷的设计并生成各类构件（三维）和整个系统
□ 生成各种图纸和料单，如布置图、ISO 图、料表、结构详图、风管制作图
□ 使用模型编辑器能非常方便地修改设计

■ **3D 设计和 P&ID 比对模块**
□ P&ID 数据与 3D 设计比对.
■ **Spooler 管段下料管理模块.**
□ 管段分离.
□ 管子 ISO 图管理.
■ **Admin 项目管理模块**
□ 工程管理.
□ 用户权限控制.
□ 各种类型数据库及数据库单元的创建及维护.

■ **Draft 2D 图纸生成模块.**
□ 尺寸标注（DIMENSIONING）
□ 引线标注（LABEL&TAG）
□ 二维绘图（2D Draft）
□ 更新（Update）
□ 详图（Detail）
□ 剖切（Section）
□ 输出到 AutoCAD（AutoDraft）
□ 手动出图（DRAFT）
□ 自动出图（ADP）
□ 打印（PLOT）

■ **Paragon 元件库维护模块**
□ 窗体和菜单的图形用户界面，命令行语法界面生成和修改 Catalogue.
□ 设计和创建模型，创建 Catalogue 组件.
□ 同时访问 Catalogue 数据库和从设计数据库中读取数据，简化 Catalogue 的设计和维护.
□ 具备 3D 着色处理.

图 3-6　AVEVA DPMS 的核心组件模块

3.1.5　BIM 工具演变分类

BIM 工具由通用 CAD 向基于 CAD 的专业模块进行演变，又发展为原生 BIM 工具，其演变分类及典型软件代表如图 3-7 所示。

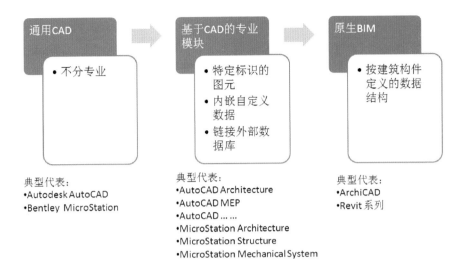

图 3-7　BIM 工具演变分类

3.2　主要 BIM 软件

目前，国内外主要 BIM 软件公司及其产品，如表 3-1 所示。

表 3-1

公司	软件
Trimble	SketchUp
	Tekla Structure
Robert McNeel	Rhino
Autodesk	Revit
	Showcase
	NavisWorks
	Ecotect Analysis
	Robot Structural Analysis Professional
	Inventor

续表

公司	软件
Autodesk	AutoCAD Architecture
	AutoCAD MEP
	AutoCAD Structural Detailing
	Civil 3D
Graphisoft	ArchiCAD
Progman Oy	MagiCAD
Bentley	AECOsim Building Designer
	AECOsim Energy simulator
	Hevacomp
	STAAD. Pro
	ProSteel
	Navigator
	ConstructSim
	Facility Manager
Nemetschek	Vectorworks Architect
FORUM 8	UC-win/Road
Dassault Systèmes	CATIA
	DELMIA
Gehry Technologies	Digital Project
Solibri	Model Checker
	Model Viewer
	IFC Optimizer
	Issue Locator

4 各阶段 BIM 软件分析

在建筑的全生命周期都可以实现对 BIM 的应用,依据阶段的不同,如设计、施工、运营等都会对 BIM 应用的深度与广度提出不同的需求。面对这些纷繁复杂的需求,再如同二维时代由 CAD 一统天下,一款软件解决所有问题的情况已不太可能。因此为了更有效的应对建筑全生命周期中对 BIM 应用的不同需求,国内外的软件公司开发了各种 BIM 软件予以针对性的满足。

由于目前市场上的 BIM 软件太过繁杂,为了广大读者能够更加方便的接触与了解应用于各阶段的 BIM 软件功能,本节选择了目前国内普及范围最广,市场占有率最高,相关软件类型最丰富的 Autodesk 公司的产品,作为重点介绍的对象。Autodesk 公司的 BIM 产品组合如图 4-1 所示。

Autodesk 面向建筑全生命周期 BIM 应用的软件套件主要有两种组合,具体产品分类及构成,会在本丛书第二册中详细介绍。

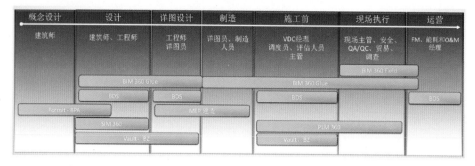

图 4-1 Autodesk BIM 产品组合

- BDS(Building Design Suite)

BDS 是一套可以在团队之间进行协同操作的三维建筑设计软件套件,可同时支持基于 CAD 和 BIM 的工作流,并生成真实的三维可视化效果,并通过使用高度集成的模拟和分析工具、创建更高质量的施工图设计文档。

- IDS(Infrastructure Design Suite)

IDS 是面向交通运输、土地和水利工程等土木基础设施设计和施工的软件套件,组合了多个基于 BIM 的智能工具,可获得更精确、可访问和可付诸实施的成果。

4.1 规划设计阶段 BIM 软件

4.1.1 规划设计(Autodesk InfraWorks)

功能简介:

Autodesk InfraWorks 是一款配套解决方案,可以帮助土木工程和规划专业人员在自然和人造环境中进行规划和设计,支持他们随时随地开展设计协作,并以全新方式进行沟通。支持用户基于环境创建和可视化大规模基础设施项目和多个项目方案,并拥有专门的工具,可帮助用户利用二维数据来创建三维基础设施模型和生成三维场景。

Autodesk InfraWorks 对于 BIM 技术的特性包括:

• Autodesk InfraWorks 能够提供令人震撼的仿真和可视化作品,在现有环境中更准确地展示设计方案。同时借助易于使用的行业特定工具,更准确地模拟基础设施对象。更好地识别环境敏感区域和重要场所(如学校和商业场所),发现可能会延误设计流程的潜在影响。2015 版全新软件界面如图 4-2 所示。

图 4-2　Autodesk InfraWorks 2015 全新的软件界面

• 此外,利用 Autodesk InfraWorks 360,可以让更多的项目参与方在一个更安全的云环境中共享模型和特定方案,以此加强各方参与,收集反馈并加快审批流程(图 4-3)。在互动反馈会议上,通过一个丰富的可视化环境自由地导航并实时查看多个方案。

• 借助 Autodesk InfraWorks,还能利用现有的二维 CAD、三维模型、GIS 和光栅数据更高效地创建大型基础设施模型。以适当的详细等级更准确地生成基于环境的初步设计方案,使项目范围和预算更加合理,以便进行详细设计。

图 4-3　利用 Autodesk InfraWorks 360 进行径流计算（云计算）

4.1.2　场地设计（Autodesk AutoCAD Civil3D）

功能简介：

在建筑设计开始阶段，基于场地的分析是影响建筑选址和定位的决定因素。气候、地貌、植被、日照、风向、水流流向和建筑物对环境的影响等自然及环境因素；相关建筑法规、交通系统、公用设施等政策及功能因素；保持地域本土特征、与周围地形相匹配等文化因素，都在设计初期深刻影响了设计决策。由于建筑信息模型不同于之前的场地分析流程，建筑信息模型 BIM 强大的数据收集处理特性提供了对场地的更客观科学的分析基础，更有效平衡大量复杂信息的基础和更精确定量导向性计算的基础。BIM 可以作为可视化和表现现有场地条件的有力工具，捕获场地现状并转化为地形表面和轮廓模型，以作为施工调度活动的基础。GIS 技术可以帮助设计者对比不同场地特性，以及选择场地的建设方位。通过 BIM 与地理信息系统 GIS 的配合使用，设计者可以精确地对场地和拟建建筑在 BIM 平台的组织下生成数据模型，为业主、建筑师以及工程师确定最佳的选址标准。运用 BIM 进行场地分析的优势在于：

- 通过量化计算和处理，以确定拟建场地是否满足项目要求，技术因素和金融因素等标准；

- 降低的实用需求和拆迁成本；
- 提高能源效率；
- 最小化潜在危险情况发生；
- 最大化投资回报。

图 4-4 和图 4-5 分别展示了 Autodesk AutoCAD Civil 3D 2015
软件界面及基于软件的场地设计示例。

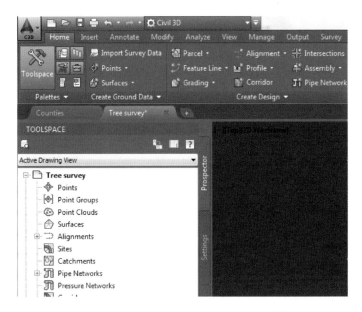

图 4-4　Autodesk AutoCAD Civil 3D 2015 软件界面

图 4-5　基于 Autodesk AutoCAD Civil 3D 的场地设计

4.2　建筑设计阶段 BIM 软件

4.2.1　方案设计(Autodesk Vasari)

功能简介:

Autodesk Vasari 是一款简单易用的、专注于概念设计的应用程序。它采用和 Autodesk Revit 相同的 BIM 引擎,并且集成了基于云计算的分析工具。借助它,设计师可以:

- 自由创建和编辑形体,并快速获得分析数据,从而得到最优、最有效的方案设计;
- 无须打断工作流即可在云端进行绿色设计分析;
- 查看丰富的、可视化的能耗分析,并进行对比;
- 模拟太阳辐射、日照轨迹,进行能耗分析。

使用阶段:设计建模,能源分析,照明分析。

支持格式:IFC, DWG, SKP, JPEG, GIF 等常用格式。

4.2.2　初步设计、施工图设计(Autodesk Revit)

功能简介:

Autodesk Revit 可以帮助设计和施工人员使用协调一致的基于模型的方法,将设计创意从最初的概念变为现实的构造。Autodesk Revit 是一个综合性的应用程序,其中包含适用于建筑设计、MEP 和结构工程以及工程施工的各项功能。

- **建筑设计工具**

Autodesk Revit 可以按照建筑师和设计者的意图进行设计,从而开发出质量和精确度更高的建筑设计。查看功能以了解如何使用专为支持建筑信息建模(BIM)工作流而建的建筑设计工具。捕捉并分析设计概念,并在设计、文档制作和施工期间体现您的设计理念。

- **结构设计工具**

Autodesk Revit 软件是面向结构工程设计公司的建筑信息建模（BIM）解决方案，提供了专用于结构设计的各种工具。查看 Revit 功能的图像，包括改进结构设计文档的多领域协调能力、最大限度地减少错误以及提高建筑项目团队之间的协作能力。

- **MEP 设计工具**

Autodesk Revit 软件为机械、电气和管道（MEP）工程师提供了多种工具，可设计最为复杂的建筑系统。查看图像以了解 Revit 如何支持建筑信息建模（BIM），从而有助于促进高效建筑系统的精确设计、分析及文档制作，适用于从概念到施工的整个周期。

使用阶段：阶段规划、场地分析、设计方案论证、设计建模、结构分析、三维审图及协调、数字建造与预制件加工、施工流程模拟。

支持格式：IFC，DWG，SKP，JPEG，GIF 等常用格式。

Autodesk Revit 软件界面如图 4-6 所示。

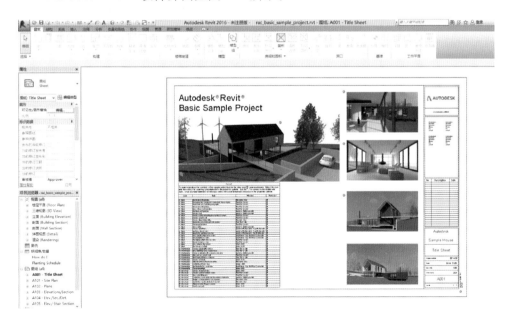

图 4-6　Autodesk Revit 软件界面

4.2.3　概念模型分析软件(**Autodesk Ecotect**)

功能简介:

Autodesk Ecotect 是当今市场上最全面、最具创新的建筑分析软件。它提供了友好的三维建模设计界面,并提供了用途广泛的性能分析和仿真功能。Autodesk Ecotect 与众不同之处在于它完全可视化的物理计算过程回馈。使用 Autodesk Ecotect 作前期的方案设计感觉就像最终确定方案一样的精确。

Autodesk Ecotect 让设计者在建筑形式确认前就可以了解建筑的相关特性。用户可以通过一份详细的气候分析资料计算出多种被动设计方案的潜在使用效率,并优化太阳能系统,照明系统和通风系统。

在逐步发展到最终设计前,设计师可以依据一些简单的概念模型测试不同的方案形式。如果用户不想做无谓的工作,那么建筑特性相关信息的获取在设计初期阶段是非常关键的,因此,这方面工作可以给用户和客户节约大量的时间和精力。而试着这么做仅仅意味着抛开传统的 CAD 系统转而使用另外一个有力的工具,它知道用户正在设计的是建筑而不是齿轮或其他。由于 Autodesk Ecotect 的解决方案包括建筑特性的许多不同方面的信息,所以它需要输入各种类型的数据来描述特定的建筑。为了减轻设计者的负担,Autodesk Ecotect 设计了独有的改进型数据输入系统。在最初阶段,只需要简单的描述集合体特征的数据信息。

当设计模型进一步精确,细节得到确认后,用户可以输入更多的数据并有更多的选择。这意味着用户可以通过轻点鼠标分析天光,阴影和日照信息。传统的几何 CAD 系统并不适合于初期的方案设计,它们要求输入大量的详细数据,这就迫使设计者在进行直观思维时更多去考虑数字问题。它发掘出建筑组成元素之间令人惊异的内在简单关系,这种关系简化了复杂几何体的构思过程,并在很大程度上改善了正在进行的设计工作的灵活性。

Autodesk Ecotect 有用的功能是它的交互式分析方法。例如,可以更换地毯的类型并立即比较房间声反射、混响时间、照度和室内温度的变化。增加一个新的窗户并马上观察热量变化,权衡天光因素的影响,太阳辐射和建筑总造价。Ecotect 是同类产品唯一包括了舒适度分析,温室气体排放,典型能量分析以及运行成本核算的软件,它可以让用户直观的进行类比。

使用阶段:场地分析,环境分析,能源分析,照明分析,其他分析与评估。

支持格式:gbXML,DXF,3ds 等格式。

Autodesk Ecotect 软件界面如图 4-7 所示。

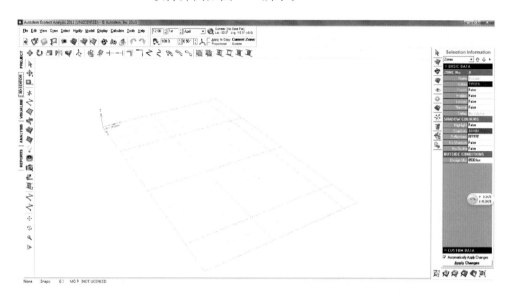

图 4-7 Autodesk Ecotect 软件界面

4.2.4 结构分析(Autodesk Robot)

功能简介:

Autodesk Robot Structural Analysis Professional 软件为结构工程师提供了针对大型复杂结构的高级建筑模拟和分析功能。用户可以利用 Autodesk Revit Structure 进行建模,利用 Robot Structural Analysis 进行结构分析。在两款软件之间无缝的导入和导出结构模型。双向连接使结构分析和设计结果更加精确,这些结果随后在整个建筑信息模型中更新,以制作协调一致的施工文档。用户还可以利用 Robot Structural Analysis 进行结构分析,利用 AutoCAD Structural Detailing 创建施工图。Autodesk Robot Structural Analysis

Professional 能够无缝地将选定的设计数据传输到 AutoCAD Structural Detailing 软件,能够为结构工程师在从分析、设计到最终项目文档与结构图的整个过程中提供集成的工作流程。

此外,Autodesk Robot Structural Analysis Professional 能够分析类型广泛的结构,其采用一种直观的用户界面来对建筑物进行建模、分析和设计。建筑设计布局包括楼层板视图,用户能够轻松地创建柱体和生成梁框架布局。工程师也可以利用相关工具高效地添加、复制、移除和编辑几何图,以模拟建筑物楼层。

该软件能够实现对多种类型的非线性进行简化且高效的分析,包括重力二阶效应(P-delta)分析,受拉/受压单元分析,支撑、缆索和塑性铰分析。Autodesk Robot Structural Analysis Professional 提供了市场领先的结构动态分析工具和高级快速动态解算器,该解算器确保用户能够轻松地对任何规模的结构进行动态分析。

使用阶段:结构分析,设计建模。

支持格式:IFC,DXF,EXCEL,E2K,S2K 等常用格式。

Autodesk Robot 软件界面如图 4-8 所示。

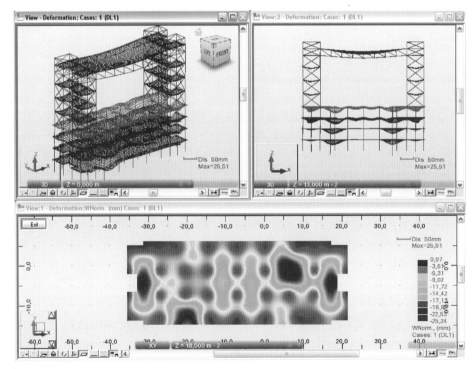

图 4-8　Autodesk Robot 软件界面

4.3 施工阶段 BIM 软件

4.3.1 结构深化设计(AutoCAD Structural Detailing)

功能简介:

AutoCAD Structural Detailing 软件是一款功能强大的解决方案,能创建钢结构和混凝土结构的施工装配详图。使用钢结构模块,利用 Autodesk Revit 提供的建筑信息模型导入 CIS/2 文件,或创建模型,可快捷生成钢结构施工图。使用框架模块创建动态模型和一流的混凝土结构施工图。专业混凝土模块能自动提高各种混凝土构件的精度,生成施工图。采用 AutoCAD Structural Detailing 软件具体的 BOM 表数量和明细表,能全面提高精度。

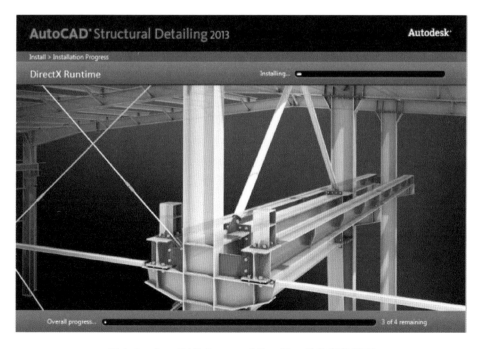

图 4-9 AutoCAD Structural Detailing 软件安装界面

AutoCAD Structural Detailing 软件是个以 AutoCAD 为基础的完整解决方案,具有强大的细部设计功能,用于建立钢材与钢筋混凝土结构的制造厂图面。钢材模块中,用户可利用来自 Autodesk Revit 的建筑信息模型、汇入 CIS/2 档案或建立模型,借此支持快速、有效地建立钢构连接与制造厂图面。模板模块中,用户可以建立动态模型和最新的混凝土模板图面。在混泥土加固模块中,用户可为所有类型的混凝土结构构件自动建立钢筋厂图面。

使用阶段:结构分析,设计建模,结构深化。

支持格式:IFC,DXF,EXCEL,E2K,S2K 等常用格式。

AutoCAD Structural Detailing 软件安装界面如图 4-9 所示。

4.3.2　施工模拟(Autodesk Navisworks)

功能简介:

Autodesk Navisworks 软件能够将 AutoCAD 和 Revit 系列等软件创建的设计数据,与来自其他设计工具的几何图形和信息相结合,将其作为整体的三维项目,通过多种文件格式进行实时审阅,而无需考虑文件的大小。Navisworks 软件产品可以帮助所有相关方将项目作为一个整体来看待,从而优化从设计决策、建筑实施、性能预测和规划直至设施管理和运营等各个环节。

Autodesk Navisworks 软件系列包括四款产品:

Autodesk Navisworks Manage 软件是设计和施工管理专业人员使用的一款全面审阅解决方案,用于保证项目顺利进行。Navisworks Manage 将错误查找和冲突管理功能与动态的四维项目进度仿真和照片级可视化功能相结合。可以提高施工文档的一致性、协调性、准确性,帮助减少浪费、提升效率,同时减少设计变更。

Autodesk Navisworks Simulate 软件能够精确地再现设计意图,制定准确的四维施工进度表,超前实现施工项目的可视化。Autodesk Navisworks Review 提供创建图像与动画功能,将三维模型与项目进度表动态链接。该软件能够帮助设计与建筑专业人士共享与整合设计成果,创建清晰、确切的内容,以便说明设计意图,验证决策并检查进度。

Autodesk Navisworks Review 软件支持用户实现整个项目的实时可视化,审阅各种格式的文件。可访问的建筑信息模型支持项目相关人员提高工作和协作效率，并在设计与建造完毕后提供有价值的信息。软件中的动态导航漫游功能和直观的项目审阅工具包能够帮助人们加深对项目的理解。

Autodesk Navisworks Freedom 软件是免费的 Autodesk Navisworks NWD 文件与三维 DWF 格式文件浏览器。可以自由查看 Navisworks Review、Navisworks Simulate 或 Navisworks Manage 以 NWD 格式保存的所有仿真内容和工程图。

使用阶段：场地分析，设计方案论证，设计建模，三维审图及协调，数字建造与预制件加工，施工场地规划，施工流程模拟。

支持格式：RVT，IFC，NWD ，NWF ，NWC，DWG，3DS，STP，DNG 等 50 种格式。

Autodesk Navisworks 软件界面如图 4-10 所示。

图 4-10　Autodesk Navisworks 软件界面

4.3.3　机电深化设计(Autodesk Inventor)

功能简介：

Autodesk Inventor 具有完备的转换器，可读写来自其他 CAD 应用程序的文件，从而最大限度地复用宝贵的设计资源。Inventor

能够直接读写真正的 DWG 文件，从而帮助用户高效、准确地共享设计数据。Inventor 支持用户将 AutoCAD 工程图和三维 CAD 数据集成到最终产品的单一数字演示中。它还包含强大的工具，专门用于工程师和装配人员与建筑师、建筑商和承包商之间的协作。建筑信息模型（BIM）交换功能支持用户在 Inventor 和 Autodesk 产品以及 AutoCAD 软件之间共享数据。

轻松生成并与制造团队及外部供应商共享可用于生产的工程图。Autodesk Inventor 支持用户利用已经验证的数字样机生成工程和制造文档，以此减少错误并缩短设计交付时间。在 Inventor 中最大限度地复用二维 AutoCAD 绘图资源并更快地创建绘图。通过 Autodesk Inventor 对几何图形的投影功能，可以轻松生成正视图、侧视图、等轴侧视图（ISO）、局部详图、剖面图和辅助视图。自动生成并关联专门面向制造业的零件列表和物料清单（BOM）。自动更新能够将变更扩散至整个设计，帮助所有人按时精确地进行零件计算、识别和分类。Inventor 支持从几乎任何 CAD 数据源创建真正基于 DWG 的二维和三维设计工程图。

使用阶段：机电深化。

支持格式：ADSK，IPM，IPT，IDW，IGES，SAT 等常用格式。

Autodesk Inventor 软件界面如图 4-11 所示。

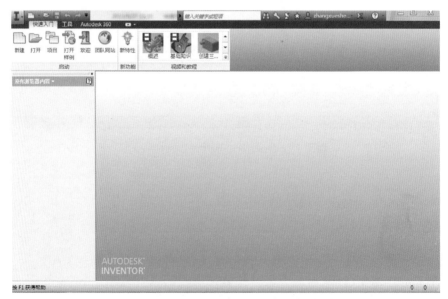

图 4-11　Autodesk Inventor 软件界面

4.3.4　云计算 BIM 平台(Autodesk BIM 360 Glue)

功能简介:

Autodesk BIM 360 Glue 是 Autodesk 公司新发布的一款全球领先的基于云计算平台的 BIM 软件,可以高效直观地为工程项目参与方提供模型的整合、浏览、展示、更新和管理等功能,并协助项目团队在任何时间,任何地点,任何接入方式基于模型进行协同工作和沟通。其功能特性包括:

- 实现对超大数据模型文件的处理及快速浏览展示能力;
- 强大的基于云计算的多专业模型聚合功能;
- 基于 BIM 和云平台的实时工作协同(更新、管理、分析与协同);
- 同时支持桌面端,网页端,移动终端等应用;
- 强大的兼容性和开放性能整合行业内 50 种以上设计文件格式。

Autodesk BIM 360 Glue 软件界面如图 4-12 所示。

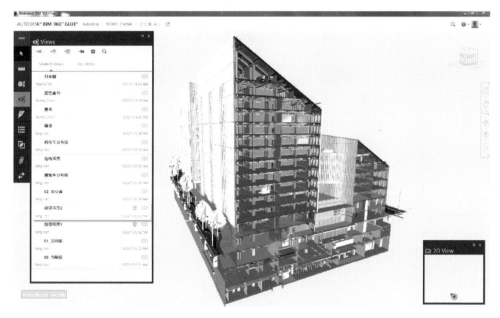

图 4-12　Autodesk BIM 360 Glue 软件界面

4.4 针对软件平台的硬件选型

在实际软件使用中，BIM 软件配套硬件选型一直困扰各方，针对这一问题，本节将以惠普 Z 系列工作站简要介绍硬件配置的选择，具体分析报告请参考本丛书第二分册。根据项目的面积可以按表 4-1 方式配置。

表 4-1　　　　　　　针对建筑面积的硬件选型

建筑面积	工作站类型	CPU	内存	显卡
10 万 m² 以下	HP Z230 SFF	至强 3.5 GH 以上	16 GB	NVIDIA® Quadro® K620
10 万 m²～20 万 m²	HP Z440	至强 3.5 GH 以上	32 GB	NVIDIA® Quadro® K2200
20 万 m²～40 万 m²	HP Z640	至强 3.7 GH 以上	64 GB	NVIDIA® Quadro® K4200
40 万 m² 以上	HP Z840	至强 3.7 GH 以上	128 GB	NVIDIA® Quadro® K5200

注：以上建议为简单选项方式，根据使用软件的不同会有调整，调整原则如下：
① 使用 Revit 系列产品为主，可以降低显卡配置，提高 CPU 主频，加大内存容量，绘制建筑面积可以增加 20%～50%（不包括复杂形体）。
② 使用 Navisworks 为主，可以降低显卡配置，提高 CPU 主频，加大内存容量，绘制建筑面积可以增加 50%～100%。
③ 使用 3dmax，Showcase 为主，保持最低显卡配置，如果渲染要求高，要求 8 核以上 CPU，并加大内存容量。如果展示效果要求高，需要提高显卡配置，并加大内存容量。

由于 NVIDIA 专业显卡有 BIM 软件优化配置驱动，因此建议购买有针对性的配置，具体内容可以浏览欧特克官网网站。

5 BIM 工程案例研究

5.1 上海中心大厦(超高层建筑)[①]

应用软件:Autodesk Revit,Autodesk Navisworks,Autodesk Ecotect,Autodesk Inventor。

5.1.1 项目概况

上海中心大厦(图 5-1)位于中国上海小陆家嘴核心区,是上海第一高楼。其主体建筑结构高度为 580 m,总高度为 632 m,总建筑面积 57.4 万 m^2(包括地上建筑面积 38 万 m^2),建成后的上海中心大厦将与金茂大厦、环球金融中心等组成上海陆家嘴 CBD 的超高层建筑群。

---

① 5.1 节内容来源于上海中心大厦建设发展有限公司。

图 5-1　上海中心大厦效果图

5.1.2　借 BIM 智慧，突破经典

　　上海中心大厦的设计灵感溯源于历史和未来，旨在将历史与未来有机结合在一起。旋转的形式，似中国的水墨画，简单立体而一气呵成，同时也表达出对未来的思考。

　　这样一个既简单又复杂的超高层建筑，最大挑战就是风阻问题，而这样的旋转又恰恰在借力打力，与比较规则的楼体相比，可减少大约 32％的风阻，同自然形成了和谐的关系。

　　但是，这样的外形对于建筑功能与施工建造都有一定的影响。在设计上，传统的二维平台根本无法满足异型建筑各个细部的衔接，尤其是对于这种超级体量的建筑来说，更是难上加难。旋转的形态决定其结构与幕墙玻璃必须轻盈，悬挂在整个楼体的外侧，不直接同楼板发生关联，用直面的玻璃做成双曲面的空间形态，在视觉效果实现的同时，考虑可建造性。BIM 在这里帮助设计师完成了精确的定位，并把这种定位放到 BIM 平台上，让所有专业来共享这个计算和设计带来的成果,帮助其选择一个比较好的幕墙设计方案(图 5-2)。

图 5-2　上海中心大厦双层幕墙效果图

　　BIM 在整个设计的过程中扮演了一个非常重要的角色,除建筑设计外,还为施工图设计提供了很多的益处。对于异型建筑来说,用通常的设计手段是无法准确定位这些异型点的。而且,上海中心大厦又非常复杂,尤其是设备层和避难层,由于结构的原因,有很多杆件穿插在设备层中间,通过二维设计没有办法解决这个设计难题,所以通过运用 BIM 三维设计完成了整个设备层的设计工作,有效地避免了杆件之间的相互碰撞。

上海中心大厦项目是以 AutoCAD 为主进行出图,以 Autodesk Revit 软件为建模基本手段,并使用 Autodesk Navisworks 和 Autodesk Ecotect 进行碰撞检测和 CFT 模拟,使之互相衔接,从而实现了高效率出图、减少返工、节省材料。

5.1.3　驾驭 BIM,重筹在握

从方案到施工需要一个深化设计的过程,以支撑施工的顺利进行。如果说在设计阶段,BIM 把想象中的概念变为了可视化的形态,那么在施工方面,则看到了 BIM 更加实际的作用,它将可视化的理念变成了现实。

BIM 在施工阶段的运用十分广泛。不论幕墙、机电还是结构,BIM 在各个专业中都发挥着重要的作用。从整个项目来看,碰撞检测是必不可少的,也是非常重要的一个环节。最初,施工技术人员采用传统方法,利用二维图纸将建筑结构图进行叠加,而 BIM 技术则通过软件对综合管线进行碰撞检测,利用 Autodesk Revit 系列软件进行三维管线建模,快速查找模型中的所有撞点,并出具碰撞检测报告。在深化设计过程中选用 Autodesk Navisworks 系列软件,实现管线碰撞检测,从而较好地解决传统二维设计下无法避免的错、漏、碰、撞等现象。根据结果,对管线进行调整,从而满足设计施工规范、体现设计意图、符合业主要求、维护检修空间的要求,使得最终模型显示为零碰撞。同时,借由 BIM 技术的三维可视化功能,可以直接展现各专业的安装顺序、施工方案以及完成后的最终效果。

在有了一个完整的、正确的模型以后,就可以把它展开运用到很多施工的管理方面,比如施工的物流配送。在上海中心大厦项目中,通过 BIM 实现的预制加工设计,是以深化设计阶段所拥有的 BIM 模型为基础,导入 Autodesk Inventor 软件,通过数据转换、机械设计以及归类标注、材料统计等工作,将 BIM 模型转换为预制加工设计图纸,指导工厂生产加工,在保证高品质管道制作的前提下,减少现场

加工的工作量。然后利用 BIM 模型进行工作面划分,再通过 BIM 的材料统计功能,对单个工作区域的材料进行归类统计,要求材料供应商按统计结果将管道、配件分装后送到材料配送中心。BIM 模型的精确归类统计大幅减少了材料发放审核的管理工作,有效控制了领用的误差,减少了不必要的人员与材料的运输成本。

5.1.4　BIM 协同,绿色接力

早在项目的筹建阶段,上海中心大厦的建设理念就已经形成,即垂直城市的理念和绿色建筑的理念。其中的绿色,不仅是理念,更是从设计到施工再到未来运营的一个标准。上海中心大厦以体现人文关怀、强化节资高效、保障职能便捷为绿色建筑技术特色,以室内环境达标率 100%、非传统水源利用最大化、可再循环材料利用率超过10%、绿色施工和智能化物业管理为建设目标,旨在建筑设计和运营阶段成为国内第一个在建筑全生命周期内满足中国绿色建筑三星级和美国 LEED 绿色建筑体系高级别认证要求的超高层建筑。

针对超高层建筑体量大、系统设施复杂、运营能耗大、室内环境质量要求高、集中排放负荷大、可再生能源的利用受安全性约束大等先天约束条件所限,围绕节地、节能、节水、节材、室内环境质量把控和运营管理等方面,因地制宜地利用 BIM,合理采用绿色建筑技术,通过本地化材料、高强材料和可循环材料的使用,优化结构设计、可视化室内自然采光模拟、营造室内舒适热环境等,实现了超高层建筑的绿色接力和可持续发展,并为今后超高层建筑的环保节能提供了范例,从而推动了中国绿色建筑评价体系的科技进步。

上海中心大厦项目存在挑战巨大、项目参与方众多、分支系统复杂、信息量大、有效传递困难、成本控制难度大等问题。从项目全生命周期角度出发,以 BIM 为手段,应用 Autodesk Revit 建立模型,并在三维的环境里面完成对项目的修改和深化设计,针对项目的设计、施工以及运营的全过程,有效地控制了工程信息的采集、加工、存储和交流,从而帮助项目的最高决策者对项目进行合理的协调、规划和控制,意义非凡。

尤其值得一提的是,BIM 在项目竣工之后的运营管理和维护方面的巨大作用。传统的运营管理要依靠很多的图纸来开展工作,一

旦发生事故,查找图纸就变得非常复杂,耗时耗力。如今,上海中心大厦通过 BIM 系统建立起来的完整的信息模型,可以非常便捷地进行图纸查询和检修,有利于及时解决突发事故;再者,关于上海中心大厦日后的运营,BIM 也作了科学的计划。上海中心大厦整个的生命周期预计达到 100 年左右,未来的运营、使用、维修和更新等方面的问题,都已经通过 BIM 进行了充分的考虑和论证,在正常的范围内,生命周期将一直延伸下去。

5.1.5　小结

事实上,上海中心大厦项目的 BIM 应用是集建模、检测、计算、模拟、数据集成等工作为一体的三维建筑信息管理工程,覆盖了工程的设计、深化设计、制造、施工管理乃至后期运营管理的建筑全生命周期。作为上海发展成就的重要见证,上海中心大厦(图 5-3)正竭尽全力为世人展现一座融汇了中华文明内涵与西方建筑艺术的摩天巨作。

图 5-3　上海中心大厦建成后的小陆家嘴核心区效果图

5.2　深圳平安金融中心大厦(超高层建筑)①

应用软件：Autodesk Revit，Autodesk Navisworks，Autodesk Inventor，Autodesk 3ds MAX，Autodesk BIM 360 Glue。

5.2.1　项目概况

深圳平安金融中心大厦项目是由中国平安人寿保险股份有限公司投资，是中国在建的第一高楼。工程位于深圳市福田中心区益田路和福华路交汇处，总建筑面积约 46 万 m^2，分塔楼、裙楼和地下室三部分，塔楼 118 层，高 660 m；裙楼 10 层，高 55 m；地下室 5 层。

深圳平安金融中心大厦项目兼具建筑规模宏大，机电系统众多，设备先进，功能齐全，因此利用 BIM 对通风空调、给排水消防、强弱电、变配电房、制冷站等 20 多个机电专业系统，在施工阶段进行统筹管理。

5.2.2　合二为一，BIM 结合深化设计

设计到施工，中间总免不了一个重要的环节深化设计。在深圳平安金融中心大厦项目中，设计院提供的图纸仍是传统的二维图，虽有三维模型搭建，但主要功能在于满足设计阶段的需求，不能直接应用在施工阶段。而以往安装公司的深化设计也是在 CAD 平面上进行的，建模的主要功能在于核查某些部位是否排布合理。如此一来，模型就仅仅只有参考的价值，所以很多时候不愿意耗费人力物力去搭全局模型。

在本项目中，施工企业和设计企业携手将二维和三维合二为一，将设计图转成基础模型，在基础模型上进行深化设计，最后导出综合

---

① 5.2 节内容来源于中建三局第二建设工程有限责任公司安装公司。

管线图用于指导施工。设计院提供的基础模型,为安装公司的深化设计提供了很大的便利,尤其是过程中产生的变更,都能在模型中方便快速地予以修改(图 5-4 和图 5-5)。

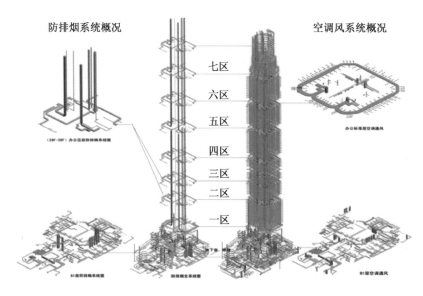

图 5-4　各区机电系统

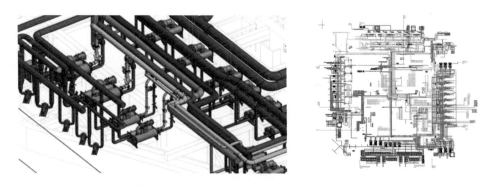

图 5-5　深化模型及导出的 CAD 图纸

5.2.3　虚拟建造,BIM 主导预制加工

超高层建筑一般都位于城市 CBD 地段,寸土寸金导致场内面积

狭小,而且当前我国的劳务成本正在持续增长。场地制约和人工费用的不断升高决定了工厂化预制、现场组合拼装将成为以后施工企业业务发展的主流方向。

在深圳平安金融中心项目中应用 BIM 技术进行虚拟建造,从施工的角度完成最终的深化设计之后,将模型构件按照厂家产品库进行分段处理,生成装配图纸后交付厂家进行生产。与厂家产品库的共享既提高了模型的精准度,也打通了 BIM 到工厂的通道(图 5-6)。

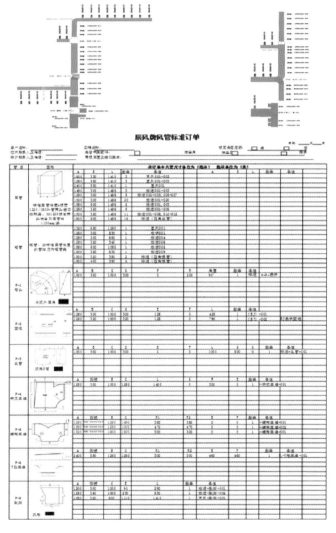

图 5-6   风管分段示意及预制加工订单

5.2.4 精确定位，BIM 掌控现场施工

预制加工面临的最大问题不在于工厂的加工能力，而是现场的

施工条件。结构尺寸是否符合设计要求，管线拼装如何定位，偏差怎么消除，这些都将影响到组合拼装的成功率。在该项目中，主要分三步走。第一步是模型设计阶段，在保证建模精准度的前提下，充分考虑施工过程中的各种不利因素，如钢梁的防火喷涂、各类检修操作空间等，以合理规避风险；第二步是现场完成结构施工后、预制加工前，应用全站仪等手段对现场进行校核测量（图 5-7）。对于无法消除的偏差，将重新调整模型以满足实际情况，再出装配图到厂家加工；第三步是现场安装阶段，对每一个点的精确定位是保证拼装成功的前提。手工放线对于直管段偏差不大，拐角较多的成品管道用手工放线就极易出错。该项目中将模型通过二次开发软件转换，使用机器人全站仪直接实现自动化放线，大大提高了定位的准确度。

图 5-7 全站仪现场定位

5.2.5 追本溯源，BIM 统筹信息管理

现阶段二维码和电子标签技术都已经比较成熟。由于预制加工过程中施工构件的多次转运，需要对其进行身份识别；后期的物业管理也需要能够读取设备、阀门和附件等的技术参数和维保信息。通过对使用效果和经济因素等多方面综合考虑，最终决定机电构件从厂家预制加工到现场安装工程中，应用二维码结合装配图的形式进行身份标示，对于后期需要维保的构件、设备等，则采用电子标签芯片挂牌标示，既满足要求又经济合理。

在施工过程中,施工企业还开展一系列的 BIM 研究课题,不断开拓 BIM 应用价值创造新方向。如针对室内冷却塔和风冷机组进行 CFD 气流组织分析(图 5-8),合理规划气流导向,优化制冷效果;搭建 BIM 云系统,提高 BIM 模型协同作业效率。过程中不断总结,有经验也有教训,而真正将 BIM 在施工阶段落地,还是任重而道远。

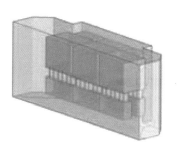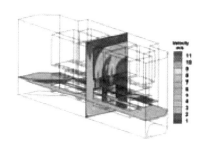

图 5-8　冷却塔气流组织分析

5.2.6　小结

通过 BIM 在深圳平安金融中心大厦项目,说明 BIM 技术已经从设计阶段走向施工阶段,乃至建筑全生命周期。施工是将设计灵感具现化的过程,虽困难重重,BIM 技术却为其开启了一扇便捷之门。

5.3　北京 Z15"中国尊"(超高层建筑)^①

应用软件:Autodesk Revit,Autodesk Navisworks,Autodesk Design Review,Autodesk Ecotect,Autodesk Simulation CFD。

5.3.1　项目概况

北京 CBD 核心区 Z15 地块项目,因其独特的造型,又名"中国

---

① 5.3 节内容来源于北京建筑设计研究院有限公司。

尊"(图 5-9)。中信集团以其雄厚的实力和卓越的眼光,引进国际高端业态资源,集金融、办公、商业、观光等功能为一体,着力打造世界一流的总部服务平台。

图 5-9　北京 Z15"中国尊"远景效果图

"中国尊"项目位于北京 CBD 核心区中轴线上,总占地面积约1.15 公顷;总建筑面积为 43.7 万 m^2,地上 35 万 m^2、地下 8.7 万 m^2,地上 108 层、地下 7 层;高度达到 528 m,建成后将成为北京第一高楼,成为北京新的地标性建筑。塔楼从中国传统礼器"尊"的形体特征中汲取造型的灵感。在解决结构和办公空间出租需要的同时,通过抽象处理和比例优化,既保持了尊形突出独特的弧形效果,又形成了比例上的高雅和秀美。塔楼平面为带有圆角处理的正方形,而且宽度渐变。塔底几何基形为 78 m 宽,在 385 m 处的腰部为 54 m 宽,顶部为 69 m 宽。

5.3.2　BIM 在建筑设计中的典型应用

城市尺度的建筑造型研究。借助 BIM 资料库提取出场地周边的单体信息和场地信息,建立一个完整的周边城市区域模型。并将CBD 核心区地下公共空间的 BIM 模型进行共同整合。详实完整的数据资料,使"中国尊"能够从空间衔接、市政衔接、造型影响评价等各方面进行深度控制(图 5-10)。

图 5-10　城市尺度的建筑造型研究

　　在设计过程中,项目通过先进的计算流体动力学技术进行模拟分析,对塔楼造型进行优化,同时也对场地的环境设计提供了一定的技术支持(图 5-11)。

图 5-11　塔基造型处理

　　塔基和塔冠空间造型研究。塔楼在入口处,作为"中国尊"在街道尺度的标志性表达,特意采用了复杂曲面的挑檐处理手法。既创造了丰富的空间效果,又为城市公民提供了一份宝贵的公共空间,建筑处理与场地景观的精妙设计,可以让公众产生独特的场所体验。而塔冠处更是为市民提供了 360 度的北京全景的观景平台(图5-12),建成后将成为世界上最高的公众观光平台,简洁大气的空间氛围营造,可以让普通市民一睹北京作为世界知名的历史文化古都的独特风采。

图 5-12　观光平台空间效果图

5.3.3 BIM 在结构设计中的典型应用

　　整个塔楼呈中部明显收腰的造型处理,而这种处理方式也对塔楼的结构体系产生了重要影响,为了能够对结构体系和结构构件进行精确的建筑描述,特为"中国尊"量身定制了几何控制系统(图5-13)。几何控制系统控制了塔楼的整个结构体系造型需求,同时也对建筑幕墙及其他维护体系进行了精确描述。几何控制系统是以最初的建筑造型原型抽离出典型控制截面,以这些截面为放样路径,将经过精确描述的几何空间弧线进行放样,由此产生基础控制面。以基础控制面为基准,分别控制产生巨柱、斜撑、腰桁架、组合楼面等结构构件,进而产生整个结构体系。以这种方式产生的结构体系,是在建筑师和结构工程师密切配合下进行的,充分满足了建筑的造型需求,同时也实现了结构安全所需要的全部条件,为"中国尊"的项目设计与建设提供了最重要的技术保障。

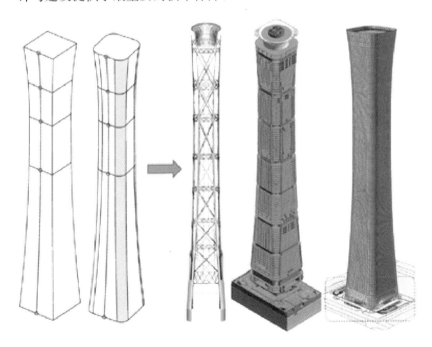

图5-13　在几何控制系统下生成的"中国尊"结构体系

5.3.4　BIM 在机电设计中的典型应用

　　"中国尊"作为一座超高超大的建筑,机电系统设计有着独有的特点。其在竖向分区中,各区之间设有设备层,用来集中作为机电设备安放位置,同时,在地库中也设有大量的核心机电用房。整个项目,机电设计大致可分为三部分内容:地库核心以 Autodesk Revit 作为 BIM 平台,对各种机电信息进行及时录入,让模型即时地反映各种机电情况,为机电综合工作的展开创造了优越条件。B007 层的机电情况非常复杂(图 5-14),而层高相对较小,在这种不利的局面中,通过对各种机电管线的梳理,在保证满足各种机电系统安装、运行的状况下,依然创造出一些可作为库房的空间,使项目对业主的价值最大化。

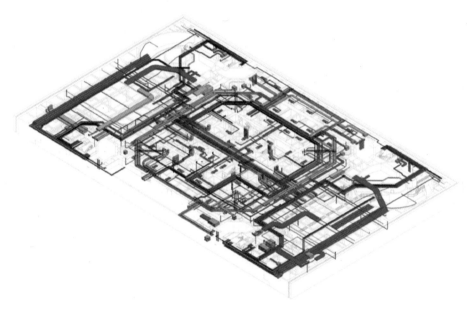

图 5-14　B007 层机电综合的阶段成果

5.3.5　BIM 在专项顾问工作中的典型应用

　　为了保证"中国尊"的最终完成效果,项目团队聘请了大量一流

的顾问公司,这些顾问在其工作的过程中也大量运用到了 BIM 技术
手段。

消防性能化顾问,其通过 Autodesk Revit 软件对首层大堂和标
准办公层等建筑典型部位(图 5-15),进行烟气和人员疏散模拟,从
理论层面对塔楼的安全性能进行了论述。此外,还对大楼在不同级
别火灾情况下的人员总体疏散情况进行了分析计算,针对性地做出
电梯在疏散过程中的运行策略。

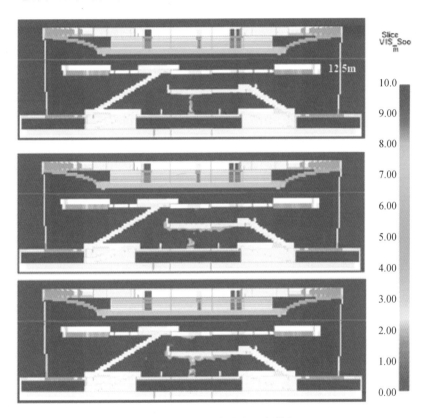

图 5-15　首层大堂火灾烟气模拟

"中国尊"作为北京新的地标建筑,在绿色和节能方面有着极高
的设计要求。节能顾问通过 Autodesk Ecotect Analysis 对塔楼标准
层不同办公区域的日照分析,提出室内灯光设计的优化方案,同时对
塔楼立面的遮阳构件也提出相应的优化策略。而对冷却塔的冷却效
果分析,更是保证了设计的运行效果。对大堂、观光平台等重要空间

的气流模拟分析,极大地提升了"中国尊"在空调设计方面的舒适性。

5.3.6 小结

由于业主对 BIM 的空前关注,使得对整个项目 BIM 的应用起到了极大的推动作用。此外,项目的各个利益相关方无论从整体还是局部都进行了系统性的 BIM 实施计划,实现了复杂大型建筑项目的可管理性。

通过北京 Z15"中国尊"项目的 BIM 实践,提升了多团队协同工作的能力,促进了项目各阶段工作任务的前置及融合,带来整个项目实施的全面性和前瞻性。同时,建筑设计任务范围超越单纯的施工图交付,扩展至对施工过程和运维过程进行更有效的控制。

北京 Z15"中国尊"还借鉴了工业化产品交付模式,着力于向业主提供信息整合的建筑设计产品,使传统的"按图施工"发展成"按模型建造和使用"成为可能。模型走在图纸之前的 BIM 设计过程可以更好地在前期就对设计内容进行比传统方式更深层次的研究,不仅仅是专业间的协调,更有益的是对设计内容的梳理和思考。

最后,在整个 BIM 实施过程中,对于多种数据的处理是保证 BIM 顺利实施的基础,鉴于当前阶段 BIM 数据的半结构化的特点,通过对 BIM 模型信息的抽取,对数据进行结构化处理,产生项目数据库,并将一些不适宜直接存储在 BIM 模型的数据(如房间做法等)和 BIM 模型进行链接,最终形成可直接快速查询应用的项目 BIM 数据库。

5.4 思南路旧房改造(古建筑保护)[①]

应用软件:Autodesk Revit,Autodesk Navisworks,Autodesk Inventor,Autodesk Design Review,Autodesk Ecotect,Autodesk AutoCAD Civil 3D,Autodesk BIM 360。

---

① 5.4 节内容来源于上海现代建筑设计集团工程建设咨询有限公司。

5.4.1 项目概况

一条可以追溯到 20 世纪 20 年代的历史老街思南路,正是"思南公馆"的来源,也因为它的诞生,复兴了历史的流金岁月,并启发着城市改造的新方式。"思南公馆"北临环境优雅的复兴中路和复兴公园,中山故居,中国共产党上海办事处"周公馆"设立于此,近代历史名人柳亚子、梅兰芳先后在此居住。东靠交通便捷的重庆南路,静谧的思南路贯穿其中。作为上海成片花园住宅最集中的区域之一,思南路可谓占尽天机。

思南路(图 5-16)改造由 47# 和 48# 地块两部分组成,项目由法国夏邦杰建筑设计咨询公司完成方案设计,现代设计集团江欢成建筑设计有限公司完成深化设计。目前 47# 地块地上建筑面积 10 425 m²,地下建筑面积 23 000 m²,目前已经建成投入使用;48# 地块由 11 栋老建筑组成,对其改造正在进行中。

图 5-16 思南路夜景

5.4.2 总体实施流程

在思南路古建筑群改造项目中,现代建设咨询通过多次尝试总结出一套结合多维技术(三维扫描技术、BIM、虚拟现实与 GIS 结合)解决旧房改造疑难问题的全过程解决方案(图 5-17),极大地提高了工作效率和质量。

在思南路古建筑群改造项目中,首先通过三维扫描仪记录历史建筑三维信息,并借助逆向工程手段生成模型,这样的好处是比传统测绘手段方便、快捷。然后通过三维扫描模型与 BIM 模型比对,快速发现改造前后的不同,管线综合更加切合实际,保证对旧建筑的保护。最后导出三维扫描和 BIM 模型数据信息到自主开发的 VR 系统中,并结合

图 5-17 多维技术实施流程图

GIS,提供客户浸入式的展示体验和信息互动。

5.4.3 三维扫描技术在旧房改造中的应用

1) 三维激光扫描技术介绍

三维激光扫描技术是国际上近期发展的一项高新技术。目前三维激光扫描仪(图 5-18)在工程领域中广泛应用,该技术通过高速激光测距原理,瞬时测得空间三维坐标值,获取空间点云数据。与传统测绘技术相比,三维扫描技术最大的优点是更快速,更精确,更真实地还原被测对象的原形原貌。对进行后续环节的工作开展提供了准确详实的数据支撑,能显著提高后续工作的效率和质量。

2) 三维激光扫描应用流程

针对该项目是大型历史

图 5-18 激光扫描仪

保护建筑群改造的性质,根据实际情况制定了激光扫描的流程(图5-19)。第一步,配合三维扫描服务公司,进行现场的激光扫描工作;第二步,对扫描得到的数据进行处理,使之能够导入 BIM 软件;第三步,根据现有图纸建立 BIM 模型;第四步,整合 BIM 模型和激光扫描,优化 BIM 模型。

图 5-19　三维激光扫描流程图

3) 现场数据采集与后期处理

相对于传统的测绘,三维激光扫描不仅大量节约时间与人力,而且采集的点云数据可以直接生成三维点云模型,作为电子数据永久存档(图 5-20 和图 5-21)。

图 5-20　现场采集

图 5-21　扫描数据模型

　　扫描出来的数据模型不仅外形与实物一样,其包含所有的几何信息也与实物完全一致。如图 5-22 和图 5-23 所示,通过测量点云数据中点之间的距离,获取该门的实际高度和宽度。

图 5-22　点云模型中测量数据

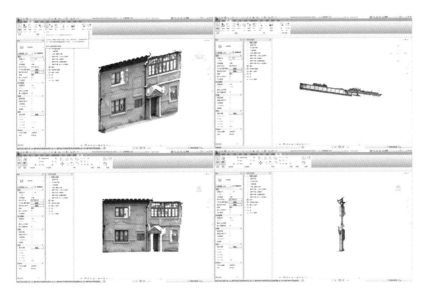

图 5-23　点云数据模型

　　三维点云数据可以导入到 AutoCAD、Autodesk Revit 等软件中,进行后续的处理与加工,并且可以在 Autodesk Revit 中通过捕捉点直接绘制,生成几何体,如图 5-24 所示。

图 5-24　Autodesk Revit 中生成实体模型

5.4.4 BIM 技术在旧房改造中的应用

1）BIM 技术应用流程

前面已经提到点云数据在 Autodesk Revit 中的处理。客观地说在 Autodesk Revit 2012 及以后的版本中，BIM 技术与激光扫描的点云数据的兼容与结合做的是相当不错的。BIM 技术与点云数据结合应用的流程（图 5-25）并不复杂。第一步，根据施工图构建建筑、结构、设备专业的 BIM 模型（图 5-26 和图 5-27）；第二步，进行 BIM 模型各个专业之间的碰撞检测及管线综合（图 5-28）；第三步，把 BIM 模型和三维扫描得到的点云模型结合；第四步，根据三维点云模型检测 BIM 模型对老建筑改造的影响及可实施性，并修正 BIM 模型。

图 5-25　BIM 技术及与点云数据结合应用流程图

2）项目 BIM 模型的创建与应用

BIM 模型可以说是整个项目中多维技术运用的核心，起到承前启后的作用，并保持数据链的完整。

由于 Autodesk Revit 模型还要承担后期虚拟现实数据源的任务，因此模型的详细程度要求非常高，以保证在后期能达到虚拟展示的效果。

优化设计是 BIM 技术中一项最基本的应用，而在思南路古建筑群改造项目中还不仅仅停留在对传统二维施工图的错漏碰缺进行检测。对于历史保护建筑的改造，法律与规范方面有非常严格要求，特别是外立面与屋顶，要求尽量要与古建筑的风貌保持一致，做到修旧如旧，因此，结合三维扫描的点云数据检测模型与实际建筑的吻合程度也是一项重要的工作内容（图 5-29）。

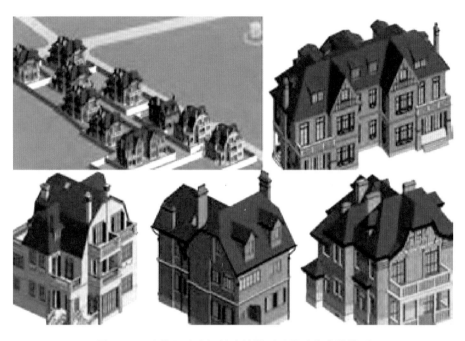

图 5-26　地块上改造好的建筑模型及单独的建筑模型

图 5-27　建筑模型细部

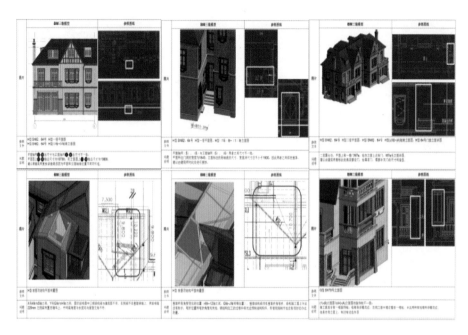

图 5-28　碰撞检测报告

图 5-29　比较 BIM 模型与建筑点云原型的吻合程度

3) 逆向工程

在本项目中,业主方也非常希望将那些有着丰富历史文化韵味的部件与构件尽量传承下来,或者重新还原。基于这样的出发点,需要对点云数据进行逆向工程的处理,完成扫描数据复杂曲面形体的绘制工作。通过点云数据生成的实体模型(图 5-30),可以为以后文物的恢复工作提供完整的数据信息,并且还可运用到虚拟现实中,完美体现出改造完成后修旧如旧的效果。

图 5-30　根据点云生成实体模型

4) VR 与 GIS 在项目展示中的应用

思南路为上海市中心最繁华又有底蕴的地段,业主在营销方面也别出心裁,希望客户不用来到现场,即能完整感受到这些古建筑的人文气息与奢华装修。要完成这个目标需要科技与艺术的完美结合。在这个项目中,将 BIM 模型数据导出到虚拟漫游程序中,从而提供用户真实的浸入式体验。客户可以远在万里,通过电脑与鼠标进行交互式的体验(图 5-31)。

图 5-31　VR 虚拟漫游

5.4.5　小结

古建筑保护与设计改造在业内一直备受关注,但苦于没有找到一个好的方法和途径对古建筑的现状进行真实完整的现场数据采集,而无法做到真正意义上的保护与设计。然而,思南路旧房改造项目却做到了这一点,三维激光测绘、点云数据处理、BIM 平台修复模型,使古建筑的原始数据得到完整的采集、存储并重建。重建后的BIM 现状模型为改造设计提供了扎实的数据参照,真正地做到了保护性设计。设计阶段的模型又成为后期的虚拟漫游的原始素材,保持了数据链的完整性。

在本项目中,通过结合多维技术的应用,为古建筑改造提出了崭新的思路和解决方案,实现了从前期测绘到后期展示的全数字化应用,取得了积极的成果。

5.5　昆明滇池国际会展中心(大型场馆)[①]

为了对昆明滇池国际会展中心项目的建设全过程进行有效管控,根据节点法项目管理的要求,需对北区地块场地平整节点进行虚拟建造(BIM),以验证此节点施工方案的可行性、合理性、经济性,指导此节点项目管理工作高效、有序开展。

5.5.1　展馆工程初步设计节点项目管理方案

根据基本建设程序的要求,应依据展馆工程方案设计阶段的设计成果,组织展馆工程初步设计阶段的设计工作,以确定展馆工程的主要功能布局、结构方案、立面造型以及主要经济、技术指标,并作为展馆工程施工图设计阶段的设计依据;同时,通过组织初步设计阶段

---

① 　5.5 节内容来源于云南省城市建设投资集团有限公司。

的设计工作,将初步设计成果上报行政主管部门进行初步设计专项审查,以确保展馆工程初步设计成果的可行性、合理性、经济性,为做好项目的投资控制和下阶段的施工准备工作奠定基础。

5.5.2　展馆工程初步设计节点工作内容

- 依据展馆工程方案设计成果,组织展馆工程初步设计阶段的设计工作,以确定展馆工程的主要功能布局、结构方案、立面造型以及主要经济、技术指标。
- 组织对初步设计成果进行评审。
- 上报行政主管部门对初步设计成果进行专项审查。
- 根据评审意见和专项审查意见,组织完善初步设计成果。

5.5.3　展馆工程初步设计节点虚拟建造(BIM)目标

创建展馆工程初步设计节点的建筑信息模型,提供可视化的初步设计成果模型,协助分析初步设计成果的可行性、合理性、经济性。

5.5.4　展馆工程初步设计节点虚拟建造(BIM)要求

- 创建展馆工程初步设计节点的建筑信息模型,提供可视化的分析工具。
- 利用模型协助进行初步设计成果的功能性分析,具体分析内容包括对人体工程学、交通流线、消防人流疏散、场地、空间、景观可视度、照度、热舒适度、消防排烟等。
- 利用模型协助进行初步设计成果的绿色分析,具体分析内容包括能耗、节能、自然通风、空气龄、日照、采光、噪音分析等。
- 利用模型协助进行实施方案分析,具体分析内容包括实施项目所需的能源、水、材料等。
- 利用模型进行施工方案模拟,提出施工工期、进度控制节点、关键路线,完成与目标施工组织方案匹配的设计进度计划、物资采购计划。
- 利用模型协助完成展馆工程的成本估算。

5.5.5 展馆工程初步设计节点虚拟建造(BIM)进度计划

- 2013 年 4 月 25 日前完成展馆工程建筑、结构专业的建筑信息模型创建。
- 2013 年 5 月 15 日前完成展馆工程机电专业的建筑信息模型创建。
- 2013 年 5 月 25 日前完成展馆工程各专业分析。
- 2013 年 6 月 20 日前完成展馆工程初步设计节点的虚拟建造(BIM)报告。

5.5.6 昆明滇池国际会展中心项目展馆工程初步设计节点建筑信息模型结果报告

根据云滇会展公司提交的《昆明滇池国际会展中心项目展馆工程初步设计成果》等数据内容,组织进行了展馆工程初步设计节点的建筑信息模型创建,创建结果如图 5-32—图 5-38 所示。

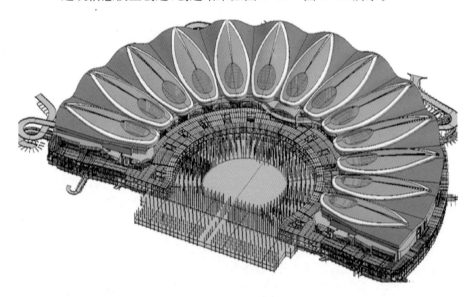

图 5-32　展馆南立面俯视图

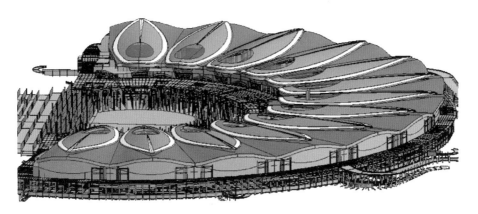

图 5-33 展馆东立面俯视图

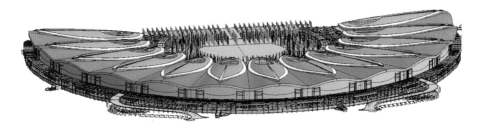

图 5-34 展馆北立面俯视图

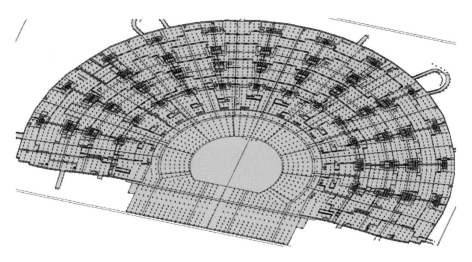

图 5-35 地下室平面视图

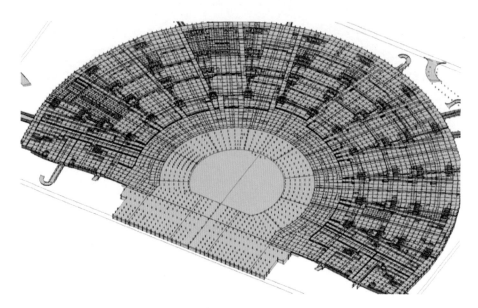

图 5-36　一层平面视图

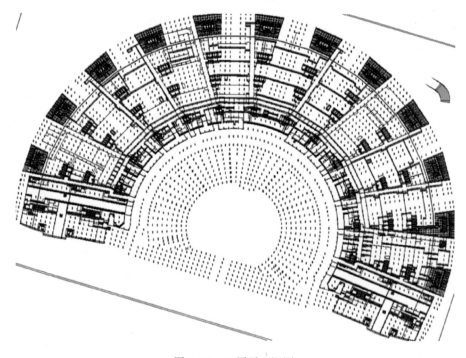

图 5-37　二层平面视图

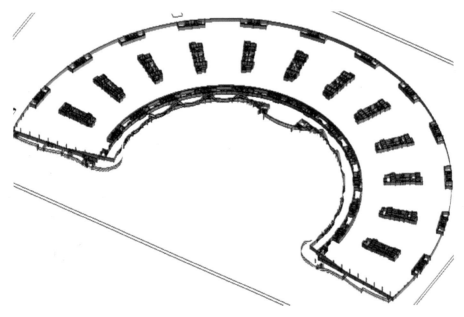

图 5-38 三层平面视图

5.5.7 昆明滇池国际会展中心项目初步设计节点分析报告

根据展馆建筑信息模型、建筑信息模型结果报告等内容,对展馆初步设计结果进行全面分析,具体分析内容如下。

1) 展馆的适用性能分析

(1) 建筑平面功能布局分析

① 三层平面功能布局分析

根据对展馆三层的建筑平面功能布局进行分析,展馆的三层平面功能布局不完善(图 5-39)。展馆建筑是为了满足南亚博览会的召开需求而定向建设的,南亚博览会的参展主题较多,参展主题包括南亚国家商品展区、东南亚国家商品展区以及生物资源展区和机电设备展区等,展览内容包括低端的特色手工艺品、农产品到高端的机电精品等,不同参展主题以及不同档次的展览内容对展厅设施的要求差别较大,例如:精品展区对展厅设施的要求较高,要求展厅具备一个舒适、环境质量较高的环境空间;而特色手工艺品展区对展厅设施的要求不高,但要求参展的成本较低。

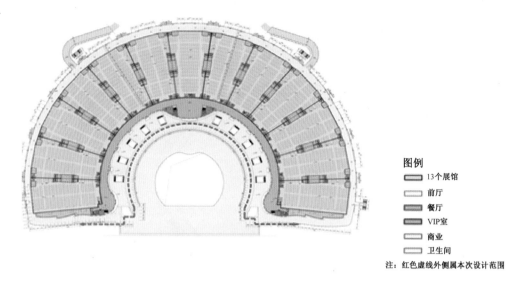

图例
▭ 13个展馆
▭ 前厅
▭ 餐厅
▭ VIP室
▭ 商业
▭ 卫生间
注：红色虚线外侧属本次设计范围

图 5-39　三层平面图

由图 5-39 可见，展馆展厅是由 13 个完全相同的独立展厅相互连通而成，不能完全满足不同参展主题以及不同档次展览内容对展馆设施的差异化要求。13 个展厅之间由活动屏风进行分隔，各展厅之间的相互影响较大，导致各展厅之间的展览活动相互干扰，使展馆的整体功能布局不能完全满足同时召开不同主题展会的需要。而且，由于参观低端的特色手工艺品、农产品展区的人员非常多，13 个展厅之间的横向交通组织不明晰，可能会发生因个别展厅的拥堵而导致整个展馆横向交通瘫痪的不利情况，进而影响到整个南亚博览会的圆满召开。

② 二层平面功能布局分析

展馆二层平面（图 5-40）功能布局的定位主要是为了满足展会的配套需求，根据对展馆二层建筑平面功能布局进行分析，展馆的二层平面功能布局不完善，不能完全满足南亚博览会的政务需求。因为在南亚博览会的召开期间，除进行各种特色商品展览之外，还要召开南亚国家投资促进会、中国—南亚商务论坛、中国—南亚智库论坛等十多项系列活动。目前展馆二层平面的功能布局不能完全满足南亚博览会的以上需求，而且，展馆二层平面存在约 10 万 m^2 的架空层，平面布置不经济。

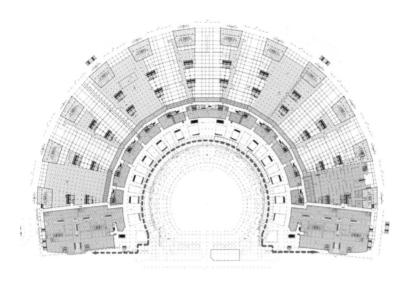

图例

▨ 商业

▢ 会议于洽谈

▢ 艺术中心

▨ 配套管理用房

注：红色虚线外侧属本次设计范围

图 5-40　二层平面图

③ 一层平面功能布局分析

根据对展馆一层建筑平面(图 5-41)功能布局进行分析,展馆一层平面的横向设有 12 条避难走道和 2 条 18 m 宽的通道。仅 12 条避难走道和 2 条 18 m 宽通道的面积就占一层建筑平面面积的 15% 左右,一层平面的有效利用面积偏低。而且,一层平面设有 5 700 个车库,涉及建筑面积约 8 万 m^2,使展馆一层的建筑平面未能有效利用。

④ 关于建筑平面功能布局分析的建议

根据建筑平面功能布局的分析结果,展馆展厅不能完全满足南亚博览会的展览需求,而且,展览与南亚博览会的配套设施不完善,不能完全满足南亚博览会的政务需求,建筑平面的利用率有进一步提高的空间。因此,建议对展馆的建筑平面功能布局进行优化完善。

(2) 标准展厅声学性能分析

① 声粒子分析

按展馆内有 10 000 人的情况下,采用 1 000 Hz 音频单一声源对标准展馆进行声粒子分析,分析结果表明:标准展馆的空间形体设计合理,标准展馆内的声音传递和接收的效果较好,直达声(绿色),直接反

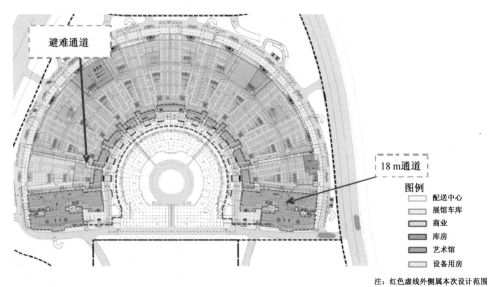

图 5-41　一层平面图

射声(黄色),混响声(天蓝)占所有声粒子数量的 90%。声粒子分析
结果详见图 5-42,其中:绿色代表直达声、黄色代表直接反射声、天
蓝代表混响声、橙色代表临界声、红色代表回声、深蓝表示掩蔽声。

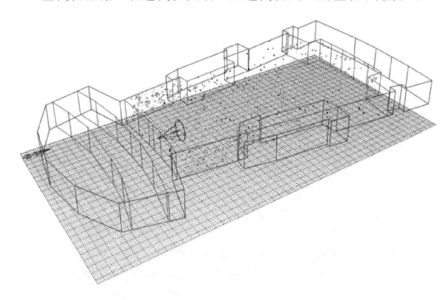

图 5-42　声粒子分析图

② 混响时间频率特性分析

按展馆内有 10 000 人的情况下,采用 1 000 Hz 音频单一声源对标准展馆进行混响时间频率特性分析,各音频的混响时间频率特性数值及分析结果见图 5-43。分析图中横坐标为音频,频率范围为 0 Hz～10 kHz,纵坐标为毫秒,毫秒范围为 0～5 400 ms(1 000 毫秒 =1 秒),紫色代表演讲和音乐厅最佳效果区域。

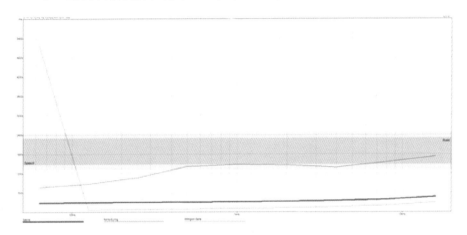

图 5-43　混响时间频率特性图

备注:

根据伊林公式($T60 = 0.161V/(\mathrm{Slg}(1-\alpha)+4\,\mathrm{mV})$)分析结果,标准展馆在 1 000 Hz 音频单一声源的情况下,混响时间为 1.48 s,处于紫色区域的下限,表明标准展馆基本能满足报告厅的声学要求,但不能满足用于召开音乐会的音响效果要求,伊林公式的分析结果为图中红线。

根据诺灵顿公式($T60 = 0.161V/\sum -\mathrm{Slg}(1-\alpha)$)分析结果,表明标准展馆在低频范围的混响时间较长,对低频范围的吸音较差,但在高频范围的混响时间短,对高频范围的吸音较好,表明标准展馆所采用的建筑材料对不同音频的吸音差异较大,对低频范围的吸音较差,伊林公式的分析结果为图中绿线。

根据赛宾公式($T60 = 0.161V/A = 0.161V/\alpha S$)分析结果,标准展馆的混响时间 0.3 s 左右,根据赛宾公式的计算标准,混响的标准时间应为 0.5 s 左右,标准展馆的混响时间结果表明标准展馆的吸声面积不足,影响展馆内的吸音效果,赛宾公式的分析结果为图5-44下划线部分。

```
TOTAL    SABINE  NOR-ER MIL-SE
频率.     ABSPT.  RT(60) RT(60) RT(60)
------   --------  ------ ------ ------
 63Hz:  94586.625  0.29   0.77   5.19
125Hz:  92521.406  0.30   0.87   0.07
250Hz:  88950.781  0.31   1.07   0.09
500Hz:  86031.070  0.32   1.42   0.10
 1kHz:  83462.539  0.33   1.48   0.12
 2kHz:  80753.938  0.34   1.46   0.14
 4kHz:  76946.297  0.36   1.39   0.17
 8kHz:  70036.789  0.39   1.55   0.21
16kHz:  57630.211  0.48   1.72   0.31
```

图 5-44　赛宾公式分析结果

③ 声音衰变

对标准展馆进行声音衰变分析,声音衰变分析是分析不同音频声音由 0 dB 衰减到—30 dB 所需的时间长短。标准展馆声音衰变分析的结果及各音频的声音衰变数值详见图 5-45。分析图中横坐标为时间,纵坐标为声音的分贝值,纵坐标的声音分贝值范围为 0 dB～30 dB,图中不同线条代表不同音频的声音衰变轨迹。由图 5-45 可见不同音频的声音在衰变过程中遇到的屏障较少。

④ 关于声学性能分析的建议

根据声学分析的结果,标准展馆的空间形体设计合理,标准展馆内的声音传递和接收的效果较好,直达声(绿色),直接反射声(黄色),混响声(天蓝)占所有声粒子数量的 90%,标准展馆基本能满足报告厅的声学要求,但不能满足用于召开音乐会的音响效果要求,标准展馆所采用的建筑材料对不同音频的吸音差异较大,特别是对低频范围的吸音较差,而且标准展馆的吸声面积不足,不同音频的声音在衰变过程中遇到的屏障较少,建议适当增加展馆内的吸声面积、增大展馆内的吸声量,尽量采用吸音效果较好的建筑材料。

为了达到以上目的,要合理搭配展馆内的混响时间,使其有一个良好的频率特性。建筑材料的选用不应带有较大的随遇性,应参考吸音系数等,展馆的主要部位的声学构件及吸声材料的设计、选择与

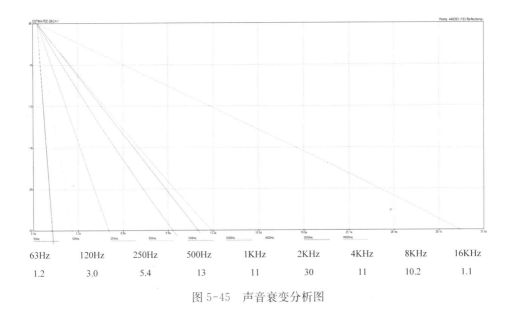

63Hz	120Hz	250Hz	500Hz	1KHz	2KHz	4KHz	8KHz	16KHz
1.2	3.0	5.4	13	11	30	11	10.2	1.1

图 5-45　声音衰变分析图

布置可参考以下做法。

a. 天花造型以外弧(凸面)为主要表现手法,既考虑到业主对装饰效果方面的追求,又充分考虑到对声音的扩散和对低频的吸收;

b. 展馆侧墙以难燃透声织物吸声结构为主,具体做法为:30 mm×40 mm木龙骨架基层@600 mm×600 mm,填50 mm厚32 kg/m³袋装超细玻璃棉,玻璃棉后为200 mm共振空腔,面饰为难燃透声织物;

c. 做好专业设备的隔声减振处理,采用节能型的带电子镇流器的节能灯具,尽可能地降低展馆内的噪音声源。

(3) 电气设备设施分析

① 电气设备设施分析

展馆工程供电电源为附近110 kV(或220 kV)变电所引来10 kV两路电源,用电计算负荷为84 503 kVA,电气设备安装容量负荷为87 500 kVA,设有14座10 kV变电所,8台1 005 kW的柴油发电机,配电系统采用放射式和树干式相结合的配电方式。用电负荷分为两级,一级负荷为双电源末端切换,二级负荷为单电源供电,标准展位的用电负荷密度为300 W/m²。电气设备设施能够满足展馆的使用要求。

② 电气照明分析

以昆明4月1日中午12时阴天状况下的自然采光为条件,对标准展馆进行自然采光照度分析,图 5-46 中显示:在阴天自然采光和未采用人工照明的状况下,标准展馆南北侧的自然采光相对较好(展馆由南向北照度依次为 3 100 lx、1 680 lx、1 100 lx、590 lx,展馆由北向南照度依次为 2 400 lx、1 600 lx、980 lx、500 lx),标准展馆东西侧和中心区域自然采光相对较差(标准展馆东西侧和中心区域照度 0 lx)。虽然标准展馆南北侧的自然采光相对较好,但是,标准展馆南北侧自然采光对整个标准展馆自然采光的贡献很小,主要是展馆的进深较大(进深约 180 m,不含序厅进深),标准展馆南北侧的自然采光形成的有效采光区域仅约 20 m,标准展馆南北侧自然采光不能改变整个展馆的自然采光状况,以致展馆约 90% 面积的自然采光基本趋向于零,使标准展馆对人工采光的依赖程度较高,不利于展馆的节能,建议增加展馆的采光面积。

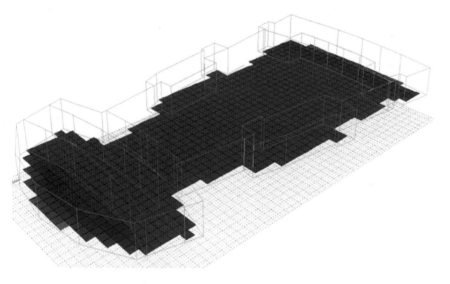

图 5-46　标准展馆的自然采光照度分析

以无自然采光,仅有人工采光的条件来进行标准展馆的照度分析,人工采光的配置标准为:在展馆内布置 100 W 白炽灯灯具、距离地面 11 m、间距 6 m。根据人工采光分析的结果(图 5-47),展厅的人工照明照度范围为 30～60 lx,基本可以达到展厅的普通照明需求,为达到更好的展厅布置效果,应根据具体情况适当添加灯具,因为普通展厅的照度标准值为 100～300 lx,重点展厅的照度标准值为

300～500 lx。而且,在均布置灯具的情况下,展厅的照度呈现不均衡状态,进行展厅灯具布置时应考虑照度呈现的不均衡情况。

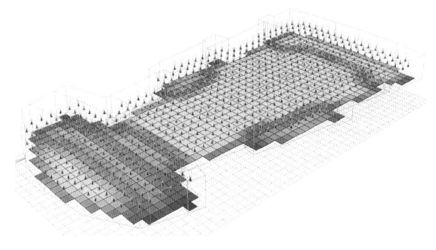

图 5-47 标准展馆人工采光的照度分析

以昆明 4 月 1 日中午 12 时阴天状况下的自然采光和人工采光为条件,对标准展馆进行采光照度分析,人工采光为:在展馆内布置 100 W 白炽灯灯具,距离地面 11 m,间距 6 m 进行人工采光照明。图 5-48 中显示:在阴天自然采光和采用人工照明的状况下,标准展馆南北侧的自然采光相对较好(展馆由南向北照度依次为 3 200 lx、1 750 lx、1 200 lx、650 lx,展馆由北向南照度依次为 2 900 lx、1 550 lx、750 lx、380 lx),标准展馆东西侧和中心区域自然采光相对较差(标准展馆东西侧和中心区域照度 62 lx)。标准展馆南北侧的照度较高,主要是自然采光相对较好,但是,标准展馆南北侧自然采光对整个标准展馆自然采光的贡献很小,因展馆的进深较大(进深约 180 m,不含序厅进深),标准展馆南北侧的自然采光形成的有效采光区域仅约 20 m,标准展馆南北侧自然采光不能改变整个展馆的自然采光状况,以致标准展馆东西侧和中心区域约 90% 面积的自然采光基本较差,照度仅为 62 lx,使标准展馆对人工采光的依赖程度较高,不利于展馆的节能。

• 关于对电气设备设施分析的建议

a. 根据分析,展馆工程的电气设备设施能够满足展馆的使用要

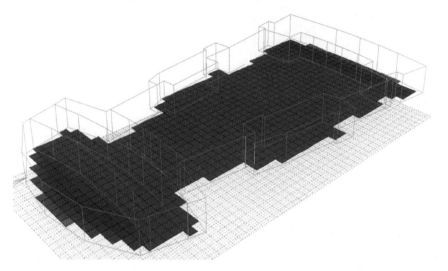

	lx
	6 303+
	5 673
	5 043
	4 413
	3 783
	3 153
	2 523
	1 893
	1 263
	633
	3

图 5-48　标准展馆自然采光+人工采光的照度分析

求,但建议补充整个项目的整体供电方案,明确展馆工程的电气设备设施与项目整体供电方案的关系,尽量实现展馆工程的电气设备设施在整个项目中的共享。为降低工程造价,建议一级负荷不采用双电源末端切方式;

b. 标准展馆仅有南北侧通过玻璃幕墙进行自然采光,自然采光面积严重不足,以致展馆东西侧和中心区域自然采光较差,展馆约90%面积的自然采光基本趋向于零,建议增加展馆屋面或侧面的采光面积,降低建筑的能耗;

c. 通过人工采光分析,在均布灯具的情况下,展厅的照度呈现不均衡状态,进行展厅灯具布置时应考虑照度呈现的不均衡情况,特别应重点考虑采光较弱的区域;

d. 按展馆内布置 100 W 白炽灯灯具、距离地面 11 m、间距 6 m进行人工采光分析,展厅的人工照明照度范围为 30～60 lx,基本可以达到展厅的普通照明需求,但为达到更好的展厅布置效果,应根据具体情况适当添加灯具、增加照度,建议普通展厅的照度标准值为200～300 lx,重点展厅的照度标准值为 300～500 lx。

2) 展馆的环境性能分析

(1) 展馆的空间布局分析

整个昆明滇池国际会展中心项目的建筑密度为51%,其中:展馆的建筑密度为70％,展馆地块的空间布局过于紧密,不利于项目景观的打造和交通流线的组织。

(2)建筑造型分析

昆明滇池国际会展中心项目横跨滇池的三个半岛,展馆的外弧长约1 600 m,直径长约1 000 m,超大的展馆建筑形体对滇池的自然景观影响较大,而且,展馆的外立面设计方案比较单调,不利于自然景观与人造景观的协调、融合。建议调整展馆的现有外立面方案,增加展馆外立面方案的表现层次,使展馆能够与自然景观自然融合(图5-49)。

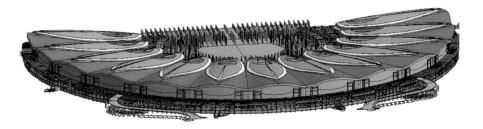

图5-49　展馆北立面俯视图

(3)展馆可视度分析

① 展馆的可视面积分析

为分析展馆周边区域对展馆建筑的可视性,以展馆周边区域为视点对展馆进行可视面积分析,分析结论为:展馆周边区域对展馆建筑的可视性存在较大差异,建筑场地的西南侧和东南侧对展馆建筑的可视性较差,建筑场地中间的平台区域对展馆建筑的可视性较好,具体分析结果详见图5-50(黄色建筑为可视性分析的可视目标,其他颜色代表展馆周边区域对展馆建筑的不同可视面积,蓝色到黄对应的可视面积为0～100 000 m²)。

② 展馆的可视百分比分析

为分析展馆周边区域对展馆建筑的可视性,以展馆周边区域为视点对展馆进行可视百分比分析,分析结论为:展馆周边区域对展馆建筑的可视性存在较大差异,建筑场地的西南侧和东南侧对展馆建筑的可视性较差,建筑场地中间的平台区域对展馆建筑的可视性较好,具体分析结果详见图5-51(黄色建筑为可视性分析的可视目标,其他颜色代表展馆周边区域对展馆建筑的可视百分比,蓝色到黄色对应的可视百分比为 $0\sim100\%$)。

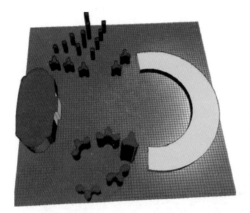

图 5-50　展馆可视面积分析图

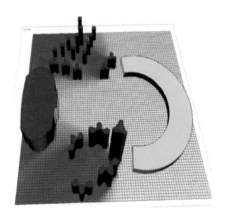

图 5-51　展馆可视百分比分析图

③ 关于对可视度分析的建议

根据可视度分析的结果,建议将红色和黄色区域定位为与会展相关的功能区域,增强红色和黄色区域的配置功能与会展功能的联系,最大限度地利用会展功能的辐射力提高本项目红色和黄色区域的经济价值。建议将蓝色和紫色区域定位为与自然环境相关的功能区域,因蓝色和紫色区域朝向西山、滇池等自然景观,增强蓝色和紫色区域的配置功能与西山、滇池等自然景观的联系,可最大限度地利用西山、滇池等自然景观提高本项目蓝色和紫色区域的经济价值。

（4）展馆日照分析

① 展馆左侧区域日照时长分析

以冬至日对展馆的左侧进行日照分析（图5-52），展馆左侧区域的最长日照时长为8h，最短日照时长为7h。展馆左侧区域的日照时长分布情况详见下图，不同颜色代表不同的日照时长。

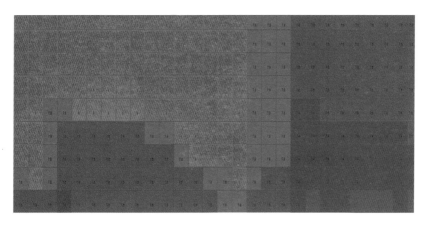

图5-52 展馆左侧区域日照时长分析

② 展馆右侧区域日照时长分析

以冬至日对展馆的右侧进行日照分析（图5-53），展馆右侧区域的最长日照时长为3.8h，最短日照时长为2h。展馆右侧区域的日照时长分布情况详见下图，不同颜色代表不同的日照时长。

图5-53 展馆右侧区域日照时长分析

123

③ 展馆左侧区域的遮挡情况分析

以冬至日对展馆左侧区域的遮挡情况进行分析,由图可看出,冬至日展馆左侧区域从早上 8:00 被遮挡 86%,9:30 遮挡完全消失,到17:30 有 24% 的遮挡。具体遮挡情况详见表 5-1。

表 5-1　　　　　　　　展馆左侧的遮挡情况分析

逐时太阳资料清单			
纬度:25.0	日期:21st December	本机修正:−67.1 mins	
经度:102.7	儒略日:355	时间差:2.1 mins	
时区:+8.0 hrs	日出日间:07:53	太阳赤纬:−23.5	
物体编号:845	日落时间:18:20	方向:174.5	
标准时间	(真太阳时)	方位角	高度角	遮挡
8:00	(06:52)	116.7	1.3	86%
8:30	(07:22)	120.1	7.2	84%
9:00	(07:52)	124	13	3%
9:30	(08:22)	128.3	18.5	0%
10:00	(08:52)	133.1	23.6	0%
10:30	(09:22)	138.7	28.4	0%
11:00	(09:82)	145	32.6	0%
11:30	(10:22)	152.2	36.1	0%
12:00	(10:52)	160.1	38.9	0%
12:30	(11:22)	168.8	40.7	0%
13:00	(11:52)	177.8	41.5	0%
13:30	(12:22)	−173	41.2	0%
14:00	(12:52)	−164.1	39.9	0%
14:30	(13:22)	−155.8	37.5	0%
15:00	(13:52)	−148.3	34.3	0%
15:30	(14:22)	−141.6	30.4	1%
16:00	(14:52)	−135.7	25.9	1%
16:30	(15:22)	−130.5	21	1%
17:00	(15:52)	−125.9	15.6	1%
17:30	(16:22)	−121.9	10	24%
18:00	(16:52)	−118.3	4.1	0%

④ 展馆右侧区域的遮挡情况分析

以冬至日对展馆右侧区域的遮挡情况进行分析,由表可看出,冬至日展馆右侧从早上8:30开始被遮挡,遮挡程度由小到大,到12:30展馆右侧完全被遮挡,从13:00遮挡程度由大到小,到17:30展馆右侧遮挡消失。具体遮挡情况详见表5-2。

表5-2　　　　　　　展馆右侧区域的遮挡情况分析

逐时太阳资料清单			
纬度:25.0	日期:21st December	本机修正:−67.1 mins	
经度:102.7	儒略日:355	时间差:2.1 mins	
时区:+8.0 hrs	日出时间:07:53	太阳赤纬:−23.5	
物体编号:846	日落时间:18:20	方向:−174.4	

标准时间	(真太阳时)	方位角	高度角	遮挡
8:00	(06:52)	116.7	1.3	0%
8:30	(07:22)	120.1	7.2	1%
9:00	(07:52)	124	13	5%
9:30	(08:22)	128.3	18.5	21%
10:00	(08:52)	133.1	23.6	43%
10:30	(09:22)	138.7	28.4	61%
11:00	(09:52)	145	32.6	73%
11:30	(10:22)	152.2	36.1	71%
12:00	(10:52)	160.1	38.9	94%
12:30	(11:22)	168.8	40.7	100%
13:00	(11:52)	177.8	41.5	100%
13:30	(12:22)	−173	41.2	87%
14:00	(12:52)	−164.1	39.9	80%
14:30	(13:22)	−155.8	37.5	63%
15:00	(13:52)	−148.3	34.3	61%
15:30	(14:22)	−141.6	30.4	47%
16:00	(4:52)	−135.7	25.9	40%
16:30	(15:22)	−130.5	21	29%
17:00	(15:52)	−125.9	15.6	21%
17:30	(16:22)	−121.9	10	0%
18:00	(16:52)	−118.3	4.1	40%

⑤ 关于日照分析的建议

根据日照分析结果,在冬至日,展馆左侧区域的最长日照时长为 8 h,最短日照时长为 8 h,早上 8:00 被遮挡 86%,9:30 遮挡完全消失,到 17:30 有 24% 的遮挡。展馆右侧区域的最长日照时长为 3.8 h,最短日照时长为 2 h,从早上 8:30 开始被遮挡,遮挡程度由小到大,到 12:30 展馆右侧区域完全被遮挡,从 13:00 遮挡程度由大到小,到 17:30 展馆右侧遮挡消失。根据日照时长结果进行分析,展馆左侧区域与右侧区域完全能满足日照要求,表明各单体建筑物之间的间距合理。而展馆左侧区域与右侧区域日照时长与遮挡情况存在较大差异的原因是:展馆左侧区域未布置有建筑,而展馆右侧区域附近布置有 CBD 建筑群,最高的 CBD 建筑约 300 m,对展馆右侧区域有较大的遮挡作用,因此造成展馆左侧区域与右侧区域日照时长与遮挡情况存在较大差异。由于展馆左侧区域与右侧区域日照时长与遮挡情况存在较大差异,建议在对展馆进行功能布置时,可把对日照时长要求高或能承受长时间日照的功能布置在展馆左侧区域,把对日照时长要求低或不能承受长时间日照的功能布置在展馆右侧区域。

3) 展馆的经济性能分析

(1) 节能分析

① 温度分布分析

根据项目所在地的环境数据,分析项目所在地的环境温度分布情况,分析结果详见图 5-54,具体的项目环境温度分布数据详见表 5-3。

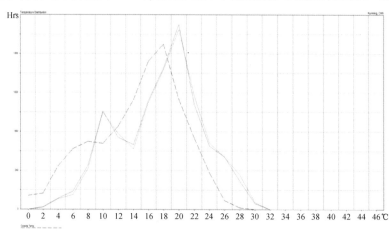

图 5-54 项目所在地温度分布分析图

表 5-3 项目所在地温度分布分析

TEMP/温度	HOURS/小时	PERCENT/比例
0	0	0.00%
2	26	0.30%
4	86	1.00%
6	121	1.40%
8	319	3.60%
10	893	10.20%
12	647	7.40%
14	502	5.70%
16	963	11.00%
18	1 119	12.80%
20	1 599	18.30%
22	1 085	12.40%
24	678	7.70%
26	488	5.60%
28	213	2.40%
30	21	0.20%
32	0	0.00%
34	0	0.00%
36	0	0.00%
38	0	0.00%
40	0	0.00%
42	0	0.00%
44	0	0.00%
46	0	0.00%

项目环境温度分析结果表明,项目环境为舒适温度的情况为56.8%,项目环境温度为7℃以下的情况为5%,项目环境温度为27℃以上的情况为5%,而且全年气温以20℃左右的情况居多,分析结果表明项目环境温度较好,气候条件比较温和。

② 逐月能耗(不舒适度)分析

根据项目所在地的环境数据,按低于18℃为不舒适温度,高于

26℃为不舒适温度,计算全年各月所有不舒适温度与舒适温度数值相减值的总和,衡量项目环境全年各月的逐月能耗分布情况及项目环境全年各月的不舒适度分布情况。本项目环境的逐月能耗(不舒适度)分析结果详见图 5-55,具体的逐月能耗(不舒适度)分析数据详见表 5-4。

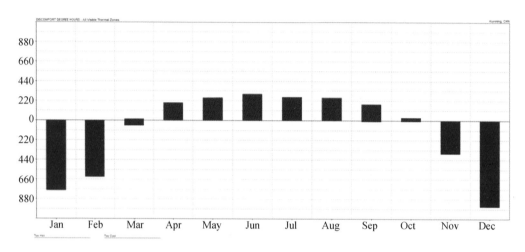

图 5-55　逐月能耗分析图

表 5-4　　　　　　　　　逐月能耗分析

月份	太热(TOO HOT)/度小时(DegHrs)	太冷(TOO COOL)/度小时(DegHrs)	合计(TOTAL)/度小时(DegHrs)
一月	0	786	786
二月	0	637	637
三月	15	61	76
四月	198	4	201
五月	253	0	253
六月	295	0	295
七月	261	0	261
八月	256	0	256
九月	182	13	194
十月	31	9	40
十一月	0	371	371
十二月	0	964	964
合计	1 490.2	2 845	4 335.2

　　逐月能耗(不舒适度)分析结果表明,项目环境的冬季不舒适度要远高于夏季不舒适度,需要要特别加强冬季的保温措施,防止热量散失。

　　③ 逐月度日数分析

　　以全年当中室外日平均温度低于 18℃的度数乘以 1 天或室外日平均温度高于 26℃的度数乘以 1 天,以相乘以后的乘积的相加结果为各月的逐月度日数,用于衡量本项目全年各月对人工采暖、制冷需求的分布情况。全年各月度日数的分析结果详见图 5-56(a),全年各月度日数的散点分布情况详见图 5-56(b)。

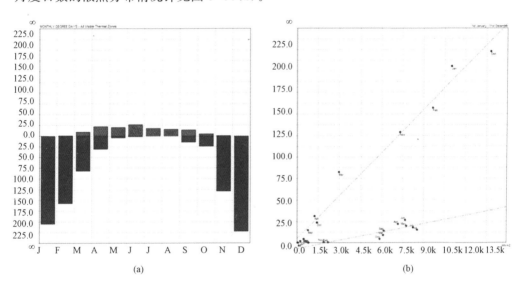

(a)　　　　　　　　　　　　(b)

图 5-56　逐月度日数分析图

　　根据逐月度日数的分析结果,全年各月对人工采暖、制冷的需求极不均衡,本项目对人工制冷的需求远远超过对人工采暖的需求,全年逐月度日数的计算结果详见表 5-5。

表 5-5　　　　　　　　　　逐月度日数分析

月份	热度日数 (dd)	冷度日数 (dd)	失热 (Wh)	得热 (Wh)
—	—	—	—	—
一月	205.5	0	11 017	810
二月	157	0.5	9 657	2 195

续表

月份	热度日数 （dd）	冷度日数 （dd）	失热 （Wh）	得热 （Wh）
三月	82.2	9.2	2 962	6 093
四月	31.3	21.9	1 234	7 163
五月	4.6	19.8	471	7 753
六月	1.9	26.5	229	7 682
七月	0	18	48	8 247
八月	0.3	15.4	65	8 550
九月	14.7	14.3	773	6 142
十月	23.9	4.6	1 409	5 847
十一月	128.7	0.7	7 296	1 905
十二月	222.6	0	13 799	782

④ 逐时温度分析

以 1 月 1 日的环境温度数据，在无人工采暖的情况下，对展馆进行逐时温度分析，逐时温度分析结果详见图 5-57，图中绿色实线为展馆的室内温度，蓝色虚线为展馆的室外温度，黄色虚线为太阳的辐射温度，绿色实线与蓝色虚线之间的距离越大，表明建筑的保温性能越好。

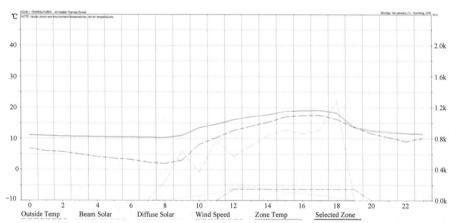

■ 在逐时温度分析图中，包含了逐时的 Outside Temp(外部温度)、Beam Solar(太阳辐射温度)、Diffuse Solar(太阳散射温度)、Wind Speed(风速)、Zone Temp(区域温度)、Selected Zone(所选区域)

图 5-57　逐时温度分析图

根据逐时温度分析结果,在九点之前、室内无人的情况下,展馆内部的温度大致为11℃,在九点到下午六点、室内有人的情况下,展馆内部的温度大致为17℃。在下午六点之后、无人的情况下,展馆内部的温度大致为13℃。图5-57中绿色实线与蓝色虚线呈现基本相同的变化趋势,表明建筑物的保温措施不好。逐时温度分析的具体数字详见表5-6。

表 5-6　　　　　　　　　逐时温度分析

HOUR(时间)	INSIDE(内部温度) (℃)	OUTSIDE(外部温度) (℃)	TEMP. DIF(差值) (℃)
0	10.2	5.8	4.4
1	10	5.6	4.4
2	9.9	4.6	5.3
3	9.9	3.8	6.1
4	9.7	3.2	6.5
5	9.7	2.7	7
6	9.6	2.8	6.8
7	9.5	2.2	7.3
8	9.5	1.8	7.7
9	12.5	5.3	7.2
10	14	7.2	6.8
11	15.1	9.8	5.3
12	16	12.4	3.6
13	16	13.8	2.2
14	17.2	16.2	1
15	17.8	17	0.8
16	18.3	17.6	0.7
17	18.3	17.2	1.1
18	17.9	16.1	1.8
19	13	13	0
20	11.9	11.4	0.5
21	11.5	9.5	2
22	10.9	8.3	2.6
23	10.6	7.4	3.2

⑤ 逐时得失热分析

以1月1日的环境温度数据,在无人工采暖的情况下,对展馆进行逐时得失热分析,逐时得失热分析结果详见图5-58。图中绿色线代表无人工采暖的情况、草绿色线代表通风渗透的失热情况、褐色线代表围护结构导热的失热情况、灰黑色线代表内部人员与设备的得热情况。

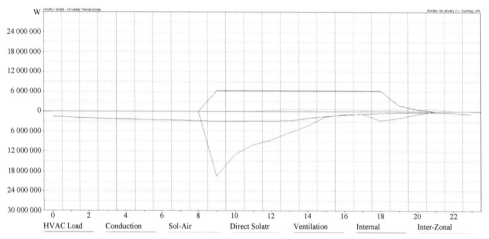

- 在逐时得热分析图中,包含了逐时的HVAV Load(采暖空调负荷)、Conduction(围护结构导热的得失热)、Sol-Air(综合温度产生的热量)、Direct Solar(太阳直射辐射得热)、Ventilation(通风渗透得失热)、Internal（内部人员与设备得热）、Inter-Zonal(区域间得失热)等7项内容。
- 在数据列表中,Conduction与Sol-Air合并成为了围护结构得失热(FABRIC),与其他5项共6项内容。

图 5-58　逐时得失热分析

根据逐时得失热分析结果,在冬季失热最大的是通风渗透失热,其次是围护结构导热失热,而对得热影响最大的是内部人员与设备的得热,展馆在1月1日具体的得失热数据详见表5-7。

表 5-7　　　　　　　　逐时得失热分析

HOUR (时间)	HVAC (采暖空调 负荷)/ 瓦时(Wh)	FABRIC (围护结构得 失热)/ 瓦时(Wh)	SOLAR (太阳直射 辐射得热)/ 瓦时(Wh)	VENT (通风渗透 得失热)/ 瓦时(Wh)	INTERN (内部人员与 设备得热)/ 瓦时(Wh)	ZONAL (区域间 得失热)/ 瓦时(Wh)
—	—	—	—	—	—	—
0	0	−1 621 385	0	0	0	11
1	0	−2 022 414	0	0	0	8
2	0	−2 229 236	0	0	0	6

续表

HOUR（时间）	HVAC（采暖空调负荷）/瓦时(Wh)	FABRIC（围护结构得失热）/瓦时(Wh)	SOLAR（太阳直射辐射得热）/瓦时(Wh)	VENT（通风渗透得失热）/瓦时(Wh)	INTERN（内部人员与设备得热）/瓦时(Wh)	ZONAL（区域间得失热）/瓦时(Wh)
3	0	−2 260 784	0	0	0	4
4	0	−2 486 535	0	0	0	3
5	0	−2 528 473	0	0	0	2
6	0	−2 669 699	0	0	0	2
7	0	−2 810 630	0	0	0	2
8	0	−2 940 227	0	0	0	2
9	0	−3 041 600	0	−16 556 894	3 274 540	−13
10	0	−2 922 825	0	−14 079 880	6 274 540	−18
11	0	−2 883 948	0	−12 757 065	6 274 540	−26
12	0	−2 837 004	0	−9 745 406	6 274 540	−32
13	0	−2 806 414	0	−7 592 704	6 274 540	−30
14	0	−1 418 734	0	−3 254 015	6 274 540	−30
15	0	−887 220	0	−1 740 251	6 274 540	−25
16	0	−391 862	0	−696 100	6 274 540	−21
17	0	−174 299	0	−1 392 200	6 274 540	−14
18	0	160 461	0	−3 306 476	6 274 540	−4
19	0	374 415	0	−2 490 212	1 882 362	32
20	0	515 844	0	−860 437	627 454	37
21	0	560 917	0	0	0	39
22	0	−515 542	0	0	0	39
23	0	−980 121	0	0	0	22
—						—
TOTAL（合计）	0	−38 097 316	0	−74 471 648	65 255 216	−4

⑥ 被动组分得热分析

根据被动组分得热分析，可得出指定日期范围内不同来源得热的逐日变化以及它们各自所占的比例。被动组分得热分析结果详见图5-59,图中横坐标为月份，纵坐标为热量，绿色为通风渗透，红色代表维护结构失热，蓝色代表内部设备得热，黄色代表太阳直射得热，咖啡色代表太阳散射得热。由图可见：全年中的热损失中有54.5%属于通风传导，有45.5%属于维护结构导热，而全年中的得热主要来源于内部得热，被动组分得热分析的具体数字详见表5-8。

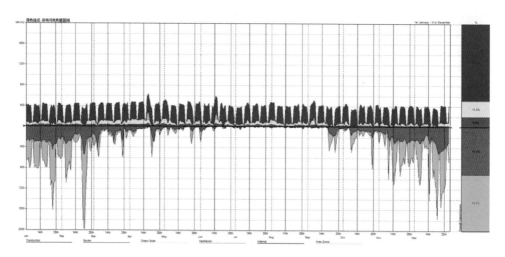

图 5-59　被动组分得热分析图

表 5-8　　　　　　　　　　　　被动组分得热分析

项目（CATEGORY）	失热（LOSSES）	得热（GAINS）
—	—	—
维护结构（FABRIC）	45.50%	0.10%
太阳散射辐射（SOL-AIR）	0.00%	9.80%
太阳直射辐射（SOLAR）	0.00%	15.80%
通风渗透（VENTILATION）	54.50%	0.60%
内部（INTERNAL）	0.00%	73.70%
区域（INTER-ZONAL）	0.00%	0.00%

⑦ 维护结构得热分析

根据维护结构得热分析结果，展馆维护结构传导热损失主要集中在前一天晚上 23 点到第二天早晨的 14 点左右，展馆维护结构得热分析结果详见图 5-60。图中横坐标为月份，纵坐标为一天 24 小时，图中显示全年 12 月中，某天 24 小时展馆维护结构的得失热情况。

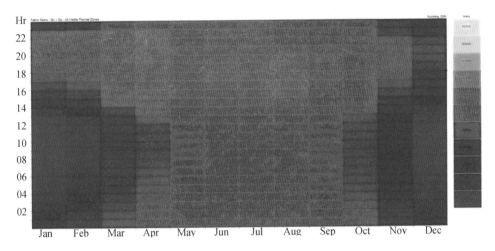

图 5-60　维护结构得热分析

展馆维护结构得热分析数值详见表 5-9。

⑧ 关于热工分析的建议

a. 根据项目环境温度分布分析，项目环境为舒适温度的情况为 56.8%，项目环境温度为 7℃ 以下的情况为 5%，项目环境温度为 27℃ 以上的情况为 5%，而且全年气温以 20℃ 左右的情况居多。因此，建议本项目应尽量利用优越的气候条件，尽量减少空调的使用。

b. 根据逐月能耗（不舒适度）分析，项目环境的冬季不舒适度要远高于夏季不舒适度，需要特别加强冬季的保温措施，防止热量散失。

c. 根据逐月度日数分析，本项目全年各月对人工采暖、制冷的需求极不均衡，对人工制冷的需求远远超过对人工采暖的需求，应妥善处理好项目冷、热负荷不均衡的问题，应在尽可能满足项目冷、热负荷需求的前提下，降低空调设备的投入。

d. 根据逐时温度分析，展馆的室内温度与室外温度呈现基本相同的变化趋势，表明建筑物的保温措施不好，建议加强展馆的保温措施。

e. 根据逐时得失热分析，在冬季失热最大的是通风渗透失热，其次是围护结构导热失热，而对得热影响最大的是内部人员与设备的得热。根据被动组分得热分析，全年中的热损失中有 54.5% 属于通风传导，有 45.5% 属于维护结构导热，而全年中的得热主要来源于

表 5-9

维护结构得热分析

HOUR	JAN. (Wh)	FEB. (Wh)	MAR. (Wh)	APR. (Wh)	MAY. (Wh)	JUN. (Wh)	JUL. (Wh)	AUG. (Wh)	SEF. (Wh)	OCT. (Wh)	NOV. (Wh)	DEC. (Wh)
0	−798 207	−629 328	−242 239	−107 677	−59 592	−24 244	−5 234	−3 119	−114 470	−153 893	−592 408	−890 786
1	−897 419	−724 512	−288 055	−128 006	−71 720	−33 156	−6 042	−4 736	−120 040	−195 397	−655 904	−958 180
2	−993 392	−825 766	−353 115	−156 153	−85 325	−36 945	−7 584	−7 925	−126 599	−237 902	−703 520	−1 004 618
3	−1 050 898	−888 852	−409 080	−203 710	−99 336	−44 538	−8 967	−15 085	−141 491	−275 269	−759 578	−1 050 492
4	−1 098 984	−959 870	−503 147	−233 900	−114 516	−48 790	−13 183	−19 468	−157 250	−306 567	−801 575	−1 097 783
5	−1 142 265	−1 000 394	−552 420	−260 310	−133 599	−56 499	−18 789	−23 829	−166 602	−329 941	−830 552	−1 119 539
6	−1 180 550	−1 036 739	−601 965	−296 000	−151 979	−63 835	−23 934	−26 205	−177 052	−354 063	−860 256	−1 147 014
7	−1 211 661	−1 070 319	−641 393	−355 040	−169 576	−69 438	−29 427	−31 431	−183 947	−362 990	−887 081	−1 184 582
8	−1 239 065	−1 108 943	−688 628	−405 702	−186 395	−71 551	−33 929	−38 174	−193 361	−372 696	−914 872	−1 214 353
9	−1 257 956	−1 133 196	−737 788	−408 504	−185 744	−60 718	−23 509	−23 912	−189 046	−374 542	−931 681	−1 239 134
10	−1 255 610	−1 111 051	−707 162	−376 189	−167 760	−43 718	−3 980	−9 224	−163 610	−346 845	−912 945	−1 233 362
11	−1 208 001	−1 066 363	−657 306	−347 869	−125 175	−10 637	27 263	15 657	−142 804	−320 568	−882 888	−1 199 961
12	−1 152 184	−1 018 506	−604 381	−231 334	−34 403	72 113	89 814	100 866	−81 363	−265 607	−829 096	−1 165 540
13	−1 002 206	−840 182	−357 557	−8 279	66 321	172 379	188 524	194 970	39 892	−117 738	−683 127	−1 042 589
14	−730 369	−567 744	−97 488	185 219	170 195	258 076	292 546	265 786	131 487	23 261	−492 625	−940 408
15	−479 305	−348 746	89 299	298 449	284 238	313 776	350 535	359 082	220 284	121 089	−320 353	−651 132
16	−302 479	−189 797	193 657	327 902	296 758	362 638	379 815	411 800	299 570	179 159	−186 780	−494 440
17	−172 195	−57 359	230 299	333 174	323 279	394 966	380 664	376 574	286 714	202 624	−101 783	−395 190
18	−74 494	16 912	267 582	359 234	339 234	399 004	382 456	377 492	272 751	214 040	−38 284	−319 059
19	−15 506	64 327	338 640	428 115	350 671	393 424	400 287	402 022	311 049	216 199	19 662	−248 315
20	24 502	98 283	386 392	465 252	364 315	402 112	423 769	346 542	287 428	244 888	50 063	−197 892
21	156 699	225 614	462 291	538 862	341 216	430 513	388 822	274 733	230 818	256 753	9 476	−225 152
22	228 623	377 701	522 092	622 981	372 163	438 756	323 155	268 785	210 068	123 431	−387 571	−624 542
23	−636 366	−465 705	−154 553	165 174	379 177	358 107	420 888	169 811	−86 499	−121 032	−487 272	−755 540

内部得热。因此,应加强通风及围护结构的保温措施,减少热量散失;应利用好太阳辐射和内部得热,增强维护结构蓄热性能来平衡昼夜热损失,降低展馆的制冷需求量。

f. 根据维护结构得热分析,展馆维护结构传导热损失主要集中在前一天晚上 23 点到第二天下午的 14 点左右,应根据展馆维护结构的失热情况,采取一定的应对措施。

4) 展馆的安全性能分析

(1) 结构安全分析

展馆屋面钢网架结构图 5-61 第一单元和第五单元边跨的受力路径不明晰,屋面钢网架中间部分的支撑点为核心筒,两端山墙处的支撑点为框架柱,屋面钢网架结构第一单元和第五单元未在同一支撑体系上,不同的结构体系没有相互融合,不利于结构安全。

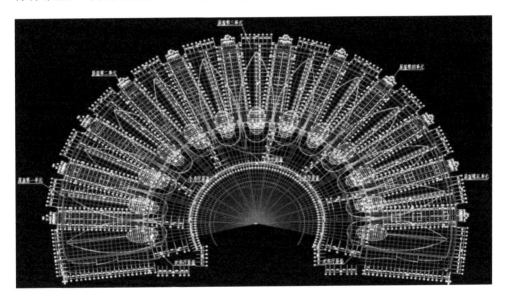

图 5-61　结构局部 CAD 图

展馆屋面展厅的钢网架与序厅的钢网架方案不匹配,展厅的钢网架与序厅的钢网架不能有机衔接,如次序厅处的钢网架为平面,对应展厅处的钢网架为曲线;主序厅 7 号展厅两侧的钢网架为平面,7 号展厅两侧的钢网架为曲线,展厅的钢网架与序厅的钢网架结合困难。图 5-62 和图 5-63 为结构 BIM 模型图。

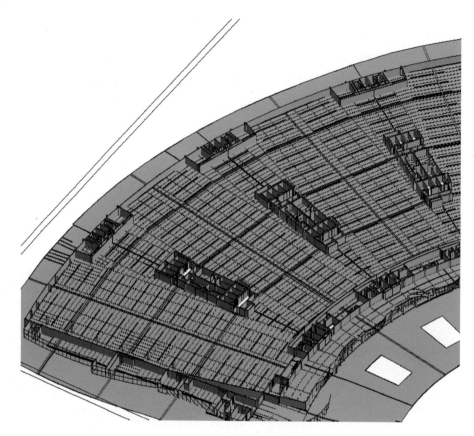

图 5-62　结构局部 BIM 模型图

（2）日常安全分析

发生安全事故时，展厅内的人员是通过疏散楼梯和一层避难走道疏散到室外的安全区域，一层的 12 条避难走道中间均设有直角转弯，不利于应急事件的人员疏散，建议优化。

5）对展馆初步设计成果的综合分析

通过对展馆的适用性能、环境性能、经济性能、安全性能等相关内容进行分析，展馆的初步设计成果主要存在以下不完善的方面，建议进行调整完善。

① 根据对展馆的适用性能分析结果，展馆平面功能布局不够完善，展馆的平面功能布局不能完全满足南亚博览会的功能要求，建议完善展馆的平面功能布局方案，使展厅能够完全满足多主题展会同

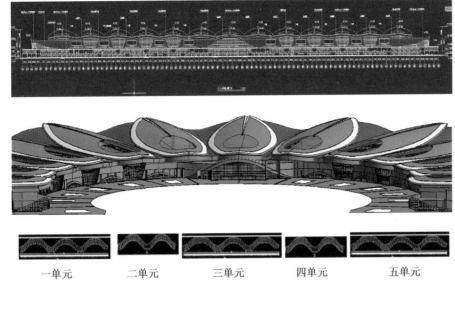

| 一单元 | 二单元 | 三单元 | 四单元 | 五单元 |

| 次序厅 | 小序厅 | 主序厅 | 小序厅 | 次序厅 |

图 5-63 结构 BIM 模型图

时召开的需求,增强展馆的会议功能布置,使展馆能够同时满足展览和会务的需求,展馆的会议功能布置还应符合国际性会议的设施标准,并按南亚、东南亚国家的外交礼仪设置特别通道及休息室;

② 根据对展馆的环境性能分析结果,建成后的展馆将对项目周边的自然环境造成重大影响,但展馆的外立面设计方案比较单调,展馆的室外景观布置空间不足,不利于自然景观与人造景观的协调、融合。建议调整展馆的现有外立面方案,增加展馆外立面方案的表现层次,适当增加室外景观的布置空间,使展馆能够与自然景观自然融合;

③ 根据对展馆的经济性能分析结果,在节能、节地方面,展馆的初步设计成果尚存在改进、提升的空间,建议完善初步设计成果;

④ 根据对展馆的安全性能分析结果,展馆的结构方案存在缺陷,使展馆的结构安全存在隐患,建议调整展馆的钢结构网架方案。

5.6 浦江基地 05-02 地块保障房工程案例(装配式住宅)①

应用软件:Autodesk Revit,Autodesk Navisworks,Autodesk Inventor,Autodesk 123D。

5.6.1 项目概况

大型居住社区浦江基地 05-02 地块保障房工程用地面积 20 564 m²,总建筑面积 51 459.82 m²(地上部分 44 959.79 m²,地下部分 6 500.03 m²)。根据建设单位安排并得到政府主管部门的支持,05-02 地块采用预制装配整体式混凝土住宅技术体系。住宅建筑全部由 14～18 层的高层住宅组成,框剪结构,预制率 50%～70%。

5.6.2 项目挑战及解决方案

作为一个保障房项目,浦江基地 05-02 地块项目的挑战包括:设计、生产、施工工期紧,质量要求高。采用预制装配式技术,要在短时间内高质量地完成从设计到施工的全部工作,建筑信息的传递及协调工作尤为重要。

主要挑战有三方面:

第一,深化设计阶段,预制构件相互间的碰撞检查细度要精确到钢筋级别,在短时间内采用传统的人员凭借经验、观察二维图纸识别已不可能完成。

第二,构件生产阶段,生产厂家对万余预制构件的图纸消化及计划、生产、供货也是一个挑战。

第三,施工阶段的快速准确的构件定位,高质量的安装需要新的技术支持。

---

① 5.6 节内容来源于上海地下研究总院。

　　基于以上项目挑战,上海城建集团组建了 BIM 仿真研究中心,通过 BIM 技术,实现了信息化的项目管理。在深化设计阶段采用了信息粒度达到钢筋级别的碰撞检查,建立了基于 BIM 及物联网技术的 PC 构件生产及施工管理系统(图 5-64),研发了 RFID 芯片及现场手持设备。

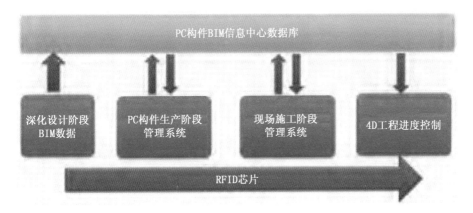

图 5-64　BIM 应用系统图

5.6.3　设计阶段的 BIM 应用概况

　　大型居住社区浦江基地 05-02 地块保障房工程 BIM 建模主要采用 Autodesk Revit 系列三维建模软件平台,由不同的设计人员为该项目创建建筑、结构、给排水三维信息化模型,建模过程在 Autodesk 协同环境中完成(图 5-65),准确且高效。

　　Autodesk Revit 系列软件支持建筑信息数据提取与挖掘功能,可快速准确的输出各种工程量统计表,为投资控制和设计优化提供便利(图 5-66)。

　　在 2D 环境下,每一张图纸都是一个单独的"迷你项目",先从平面开始绘制,然后画立面、剖面,再按照项目进展更改所有的图纸。永无休止地修改、再修改成为建筑师繁重冗长工作的一个重要原因,占用了大量宝贵的时间和精力。而 BIM 技术改变了这种工作方式。在虚拟建筑中做设计,设计过程的核心是模型而不是图纸,所有的图纸都直接从模型中生成,图纸成为设计的副产品。每一个视图都是

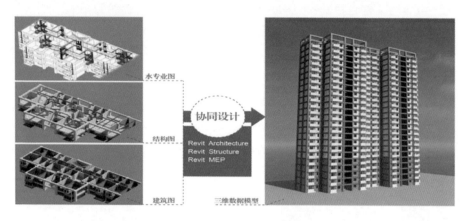

图 5-65　Autodesk 协同设计

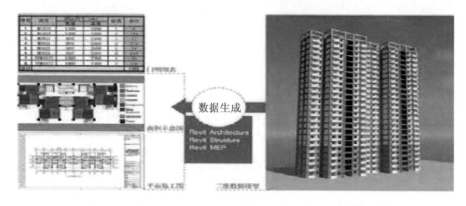

图 5-66　基于 Autodesk Revit 模型的数据提取与数据挖掘

同一个数据库中的数据从不同角度的表现。利用虚拟建筑模型，建筑师可以根据自己的需要在任何时候生成任意视图。平面图、立面图、剖面图、3D 视图甚至大样图，以及材料统计、面积计算、造价计算等等都从建筑模型中自动生成。事实上，只是根据需要从一个单一的存储了所有信息的数据库中提取所需的资料，所有的图纸都是同样的数据信息的不同表达方式，所有的报表都是对相关信息的归类和统计。

运用 BIM 技术创建的虚拟建筑模型中包含着丰富的非图形数据信息，提取模型中的数据，导入各专业分析模拟软件中，即可进行结构性能分析、日照分析、风流体分析、能耗分析、消防疏散分析等。

5.6.4　构件生产阶段的 BIM 应用概况

　　BIM 能够支持建筑从设计到制造的信息传递，将设计阶段产生的 BIM 模型供生产阶段提取和更新。BIM 在构件生产阶段的显著优势在于信息传递的准确性与时效性强，这使得构件生产的精益生产技术有可能得以真正实现。以精益建造的理论体系作指导，借助 BIM 的信息化平台(图 5-67)，充分发挥 BIM 强大的技术功能支持与数据信息集中化存储的优势，保证项目全生命周期准确、及时、有效的信息流，才能实现精益生产的目标(图 5-68)。

　　通过 RFID 芯片将虚拟的 BIM 模型与现实中的构件联系起来，实现了构件生产的集约型管理(图 5-69)。

图 5-67　构件生产管理系统

图 5-68　构件状态管理系统

图 5-69　使用手持机及 RFID 芯片进行构件生产及施工现场管理

5.6.5　构件施工吊装阶段的 **BIM** 应用概况

在设计 3D-BIM 模型数据库的基础上,通过将施工进度数据与模型对象相关联,产生具有时间属性的 4D 模型。借助 Autodesk Navisworks 的 API,实现基于 WEB 的 3D 环境工程进度管理(图 5-70)。

图 5-70　基于 WEB 的 3D 环境工程进度管理

采用 BIM 先进质量技术方法和管理经验,可以降低信息传递过程中的衰减,提高施工质量,加强施工过程中的安全管理。利用手持平板电脑及 RFID 芯片,开发施工管理系统,可指导施工人员吊装定位,实现构件参数属性查询、施工质量指标提示等,将竣工信息上传到数据库,做到施工质量记录可追溯。

5.6.6　小结

BIM 技术应用该项目设计到施工的各个阶段,除应用 BIM 软件进行建筑信息管理之外,还拓展应用了大量其他领域的技术,包括虚拟现实技术、数据分析与数据挖掘技术、物联网、三维激光扫描、云计算、移动设备、三维打印等,整合大量技术将 BIM 技术带到施工现场,是本项目的一项重要实践与创新。

BIM

附录:主编简介

蔡嘉明

蔡嘉明,从业建筑业三十余年,先后从事过工程设计、工程施工、项目建设及行业管理等工作。曾任省建筑技术中心主任、省建设专家组组长、省建设厅总工程师等职,现任云南城投集团副总裁。主持过多项大型工程项目的设计、建设和管理,是省内有突出贡献的中青年专家,有多项专利和专有知识产权。其对工程设计与基础施工、项目管理与成本管控、管理系统信息化建设有深入研究。现兼任清华大学客座教授,昆明理工大学兼职教授、工程管理专业硕士生导师,工程管理和工程造价专业评审专家。

高承勇

　　高承勇,同济大学工业与民用建筑专业毕业。教授级高级工程师,1983 年至今先后在华东建筑设计研究院、上海现代建筑设计集团工作,历任设计总负责人、项目经理、上海建筑设计科技发展中心主任、现代集团技术发展部主任、集团副总工程师(主持工作)、兼任集团技术发展部主任、集团信息中心主任,现代集团总工程师。

　　长期从事建筑结构设计、科学研究、技术咨询、技术管理等工作。先后参与、负责和主持设计的大型或重大工程项目二十余项,同时还结合重大技术难点、重大工程项目进行课题研究,承担了一批上海市、国家住建部和科技部科研项目,并开发了一批高质量的科研成果。参与和主持设计(研究)的项目曾获得多项上海市和建设部优秀设计奖、国家优秀工程设计金奖、国家优秀标准设计银奖、上海市科技进步奖等奖励;在国内核心刊物和学术会议上发表过多篇学术论文。参与、负责了国家、行业和上海市的规范、标准和标准设计的编制等工作。

　　兼职社会工作:中国建筑学会资深会员,中国土木工程学会计算机应用分会副理事长,中国土木工程学会桥梁及结构工程分会理事,中国钢结构协会常务理事,中国图学学会常务理事,中国图学学会土木工程图学分会副主任委员,上海市建筑学会常务理事,上海市土木工程学会副理事长,上海市力学学会常务理事;上海市工程图学学会副理事长,上海市金属结构行业协会副会长;上海市建设交通委科学技术委员会委员、结构与抗震专业委员会委员;上海科技成果转化促进会专家;上海市政府采购咨询专家;上海投资咨询公司专家等。

葛　清

　　葛清,男,1971 年生,教授级高级工程师,国家一级注册建筑师,国家注册城市规划师。现任上海中心大厦建设发展有限公司副总经理兼总工程师。

主导市重大工程项目"上海中心"的技术优化、管理及工程实施,以提高项目各项经济技术指标,并大幅节约项目投资,顺利推进工程设计、建设工作。在科技创新方面,大力推进 BIM 工程信息化技术的运用,提出了基于 BIM 技术的项目精益化管理模式,提高了设计、施工质量,降低了工程成本,并为今后的科学运营管理奠定了基础。

从业期间主持并参与的多个项目先后获得上海市科技进步二等奖、上海市十佳建筑创作奖、中勘协 BIM 应用特等奖、上海市企业管理现代化创新成果二等奖等多个奖项,个人先后荣获市重大工程建设功臣、上海设计之都年度人物、上海市领军人物等荣誉称号。

黄正凯

黄正凯,高级工程师,国家一级注册建造师,资深英国皇家特许建造师。毕业于武汉理工大学工程管理专业,现任中建三局第二建设工程有限公司安装公司执行总经理。

自入职以来,始终以企业、社会、国家利益最大化为己任,坚持以职业经理人责任心多次担纲国内多种类特大型工程项目管理,在建筑企业的技术管理、项目管理以及企业管理等岗位上潜心钻研、不断创新;曾先后主持过深圳外贸安置楼、中兴 B2 厂房、沈阳恒隆市府广场、深圳平安金融中心、华润南方总部大楼、天津周大福金融中心等多项不同类型的工程的建造管理。在多种类特大型

工程项目管理、工程技术及商务管理、高端商业地产开发以及超高层建筑建造管理等领域具有很深的造诣。

陆飞凯(Eric Luftig)

陆飞凯,毕业于美国麻省大学,获化学工程学士学位。陆先生的职业生涯开始于通用电气(GE)公司,曾担任工厂工程部和运营部多个领导职位。在过去的二十年间,陆先生先后在通用电气公司、诺信公司和唯特利公司担任全球市场营销和商业领导职位,积累了非常丰富的领导经验。陆先生目前于唯特利公司担任副总裁职位,负责管理一众面向客户的部门,包括市场营销、工程管道服务以及培训部门。陆先生是多个行业协会的会员,包括美国化学工程师协会(AIChE),美国采暖、制冷和空调工程师协会(ASHRAE)以及美国机械工程师协会(ASME)。同时,他还积极支持众多非盈利性社团,并担任董事会领导职位,其中包括理海谷青年之家(Valley Youth House)、伊斯顿剧院(State Theater of Easton)和联合劝募协会(United Way)理海谷分部。

李邵建

李邵建,毕业于上海交通大学,获工学学士学位,现任欧特克软件(中国)有限公司大中国区销售总经理,全面负责欧特克公司在中国内地、香港、台湾的业务发展,多年来致力于推动以 BIM 为核心的信息化新技术在中国工程建设行业的推广和普及。他是中国勘察设计协会与欧特克公司共同举办的"创新杯"BIM

设计大赛的主要发起者和设计者,并将"创新杯"BIM 设计大赛成功打造成了代表中国勘察设计行业 BIM 应用最高水平的,最具影响力的全行业 BIM 应用交流平台。李邵建先生还参与推动了上海中心、中国尊、世博场馆等一系列国内大型项目对 BIM 技术的开创性实践应用。BIM 技术在这些标志性项目上的成功运用所产生的示范效应,促使 BIM 技术在国内加速从理论探讨进入到实践阶段,极大地缩小了国内 BIM 应用水平与先进国家和地区的差距,并为进一步推广和普及积累了丰富而宝贵的经验。他和他所带领的团队还与国内大量领先的业主、勘察设计、施工及工程总承包企业建立了紧密合作关系,共同努力通过应用 BIM 和其他相关信息化技术提升企业的生产力和行业竞争力。同时,他还积极地组织并促进国内同行业在 BIM 理论、标准及实践各层面广泛参与高水平的国际交流,将国际最佳实践介绍到国内,也让国际同行更加重视和了解了国内 BIM 的快速发展。

李邵建先生还积极支持和推动国内有关 BIM 标准的研究与制定工作,担任中国 BIM 发展联盟理事并带领团队承担或参与了国家住建部有关 BIM 标准制定的相关关键科研课题的研究工作。同时他与清华大学软件学院长期合作,支持及协助清华大学软件学院有关中国 BIM 标准(CBIMS)框架研究的课题科研,成果发布与推广,以及相关的国际交流。

李邵建先生多年从事信息技术领域的有关工作,在加入欧特克公司之前,曾服务于 Cisco Systems,Avaya 等多家国际知名 IT 公司,积累了丰富的市场、技术及管理经验。

唐崇武

唐崇武,先后毕业于上海交通大学和长江商学院,现任深圳市华阳国际工程设计有限公司董事长,全国勘察设计行业优秀民营企业家,中国勘察设计协会民营设计企业分会副会长,深圳勘察设计行业协会副会长,深圳市企业联合会副会长,深圳市住宅产业化协会副会长、深圳土木建筑学会副理事长。

2000 年,唐崇武先生创立深圳市华阳国际工程设计有限公司,经过十多年的发展,华阳国际已形成由深圳、上海、广州、长沙、重庆、香港六家区域公司及建筑产业化公司、BIM 技术应用研究院、造价咨

询公司组成的集团化格局,拥有建筑设计综合甲级资质和规划乙级设计资质,综合实力排名全国前列,员工总人数逾 2 000 人。十余年的发展,华阳国际把"成为促进行业进步的一流设计企业"作为企业愿景,确立了以城市综合体、公共建筑、居住建筑、建筑工业化和城市规划为主,面向多领域设计市场的发展策略,并构建了符合智力型企业发展客观要求的"顶层设计"、项目质量管理体系、SAP 管理平台、协同设计平台、知识管理平台和设计研发平台等共同组成的设计企业科学管理体系。

夏 冰

夏冰,教授级高级工程师,上海现代建筑设计集团工程建设咨询

有限公司董事长,美国项目管理学会会员 PMP,英国特许建造师 MCIOB,英国皇家特许测量师 MRICS,国家注册监理工程师,上海市工程咨询协会常务理事,上海市建设和交通青年人才协会副会长。

夏冰先生具有较高的绿色建筑、建设工程项目管理理论水平及丰富的实践经验,以项目经理角色成功主持完成了多项绿色建筑、建设工程的项目管理、施工总承包工作,曾主持世博会"沪上·生态家"施工总承包项目,目前是上海中心(632 m 超高层)项目经理;同时,他善于结合自身专业技术背景及项目管理工程实践,积极开展绿色建筑及项目管理理论探索,发表了较多具有一定理论深度的专著,并提出了具有开拓性的见解。由于夏冰先生在项目管理理论与实践所

取得的成绩,荣获第七届(2008年)中国国际杰出项目经理称号。

熊　诚

熊诚,同济大学土建结构工程专业毕业。教授级高级工程师。曾先后担任上海市地下建筑设计研究院副总工程师、上海城建(集团)公司建设管理部总工程师等工作,目前任上海市地下空间设计研究总院院长。近20年工作经历中,先后从事过结构设计、项目管理、设计管理及科学研究等工作:主持过上海市轨道交通及重大工程项目的设计和项目管理工作;参与过上海市重大建设工程项目的推进与工程技术管理工作;担任过上海市与国家科技部科研项目的负责人。全程参加了上海城建集团预制装配式建筑产业化的研发和推进工作,负责组建上海城建集团的BIM研究中心,负责推进BIM技术在上海城建集团全产业链、全生命周期管理和应用的研发工作。

徐敏生

徐敏生,教授级高级工程师,国家注册土木(岩土)工程师,上海市注册咨询专家,上海市勘察设计协会岩土工程专业委员会理事、上海市建设工程评委会专家,上海市科委专家库成员。同济大学研究生毕业,现任上海市城市建设设计研究总院副院长。

先后发表论文40余篇,获江苏省建工系统先进个人、南通市劳模、上海重大工程立功竞赛建设功臣,主持或参加了沪芦高速、中环线、沪闵高架、轨道交通 11 号线等上海市 30 多项重大工程的勘察设计工作，以及"工业废弃物加固软件研究"等多项重大科研项目，拥有专利 20 多项。近年来，一直积极关注、推进 BIM 在工程建设全产业链上的实践，主持了国内首个市政 BIM 项目——陈翔路地道工程的 BIM 应用，并荣获建筑信息模型（BIM）设计大赛、中国建筑业 BIM 邀请赛等比赛的最佳基础设施类 BIM 应用奖、创新奖、最佳协同等奖项，编撰了 BIM 专著《建筑信息模型 BIM 丛书——陈翔路地道工程 BIM 应用解析》，组织负责了中国 BIM 标准研究课题技术合作项目中的"施工现场实时监管 P-BIM 应用技术研究"、"施工计划进度管理 P-BIM 应用技术研究"课题研究，以及上海市《市政道路桥梁建筑信息模型应用标准》、《给排水建筑信息模型应用标准》的编制，并结合上海市同济路高架、浦东沈杜泵站、宁波中山路工程，积极将 BIM 推进到施工和运维阶段。目前，上海城建设计总院近百个项目采用了 BIM 技术应用，处于国内市政类设计院领先位置。

于晓明

于晓明，比利时联合商学院工商管理硕士，高级工程师。1985 年至今先后在上海市安装工程集团有限公司；上海建工集团工程研究总院工作。曾先后担任项目经理、设计管理部总经理、副总工程师、设计总监；投资企业上安机电设计事务所有限公司、上海建安化工设计有限公司总经理和董事长；集团研究总院 BIM 研究所所长等职务。

长期从事施工企业的技术管理工作，在建筑施工管理、工程咨询以及设计领域具有近三十年的管理经验。近年来，致力于在项目的施工管理、设计领域探索和推广 BIM 的理念与技术，通过在一系列重大工程的实践总结，积累了丰富的 BIM 理论与操作经验。先后参与并主持了上海中心大厦、国家会展中心、上海迪斯尼等重大工程项目机电施工阶段的 BIM 运用实践，曾获得多项全国 BIM 大赛的奖项，同时

作为副主编、编委、课题组负责人等出版了多本有关 BIM 技术的书籍,参与了机电安装行业标准和上海市信息模型技术应用指南的编写等工作。

兼职社会工作:中国图文协会 BIM 专业委员会委员,中国建筑工业出版社 BIM 专业委员会委员,上海市建筑学会 BIM 专业委员会委员,上海市安装行业协会 BIM 首席专家等。

王启文

王启文,深圳市建筑设计研究总院有限公司执行总工程师。教授级高级工程师,国家一级注册结构工程师,1993年博士研究生毕业于天津大学。

从事结构设计 22年,完成 50 余项工程结构设计,代表性的工程有深圳邮电信息枢纽大厦,深圳招商银行大厦、深圳市民中心综合办公楼及大屋盖、深圳大学城图书馆、深圳迈瑞研发办公楼等工程。许多工程曾获省、部级奖项,深圳招商银行大厦获省级和部级优秀设计一等奖、深圳邮电信息枢纽大厦结构设计获中国建筑学会二等奖、深圳证券大厦获广东省优秀设计二等奖、深圳市民中心获广东省优秀设计二等奖、深圳迈瑞研发办公楼获深圳市优秀设计二等奖和中国建筑学会优秀结构设计三等奖。参与设计的“深圳大运中心主体育场”获中国钢协优秀钢结构工程金奖和 2012 年中国建筑学会优秀结构设计二等奖。“喀什国际免税广场”获 2014 年“龙图杯”全国 BIM 大赛二等奖和 2014“创新杯”BIM 设计大赛最佳建筑设计三等奖。

完成了 3 项深圳市建设行业重点课题。作为起草人,完成了一项行业和三项深圳地方技术标准的编制工作。2013 年获广东省土木建筑领域科学技术二等奖。在专业刊物和学术会上发表论文 10 余篇。

2008 年享受深圳市政府特殊津贴。2009 年被评为深圳地方级人才。2010 年被评为深圳首届十佳青年结构工程师。目前担任：中国建筑学会资深会员；高层抗震专业委员会委员；广东省超限高层建筑工程抗震设防审查专家委员会专家；广东省土木建筑学会建筑结构学术委员会副主任委员；《深圳土木与建筑》副主编；深圳土木建筑学会结构专业委员会主任委员；英国结构工程师学会资深会员和香港工程师学会会员。

张良平

张良平，男，1963 年出生，1983 年—1987 年就读于浙江大学土木系，获工学士学位，1987 年毕业后分配到建设部建筑设计研究院（现中国建筑设计研究院），1991 年被派到华森建筑与工程设计顾问有限公司工作。2003 年评为教授级高级工程师。第一批获得一级注册结构工程师资格。毕业后一直

从事建筑结构设计，现任华森公司总工程师、技术总监等职务。

2000 年后参与结构设计的项目就有七十多项，涉及大量超高层建筑、五星级酒店、城市综合体等，特别是担任工作负责人负责441.8 m 高的深圳京基金融中心（京基 100）、315 m 高的南京青奥中心项目的结构设计，获得方方面面的好评。本人参与的项目获省级二等及以上奖项的有 10 个，市级获奖项目 20 多个；获中国建筑设计集团科技进步奖 5 项；获深圳市勘察设计行业优秀企业技术负责人称号；广东省土木建筑二十佳中青年工程师，2013 年获得中国建筑学会颁发的当代中国杰出工程师，另外还发表了三十多篇专业技术论文。

本人担任广东省超限高层建筑抗震审查专家委员会委员、《建筑结构》杂志编委和理事、《空间结构》杂志编委、《深圳土木与建筑》副主编，深圳工程设计行业 BIM 工作委员会副主任，并担任深圳市多个学术团体的会员及专家。

周信宏（TonyChou）

周信宏，现任中国惠普打印与信息产品集团中国区副总裁暨个人信息产品事业部总经理。目前主要负责惠普商用电脑全产品线在中国地区的销售及市场营销业务，以实现利润、销售目标，并持续提升客户和合作伙伴的满意度。

周信宏先生于 2000 年加入台湾康柏公司，曾担任康柏家用台式机产品经理以及康柏电脑全系列台式机产品经理，在此期间负责家用及商用台式机产品的管理。2002 年惠普与康柏公司合并后，周先生加入惠普信息产品集团，并担任惠普台湾区商用台式机市场开发经理。2004 年，周信宏先生担任惠普信息产品集团台湾区产品行销部协理，负责管理台湾地区所有信息产品集团产品，包括家用及商用台式机，笔记本，iPAQ 掌上电脑与工作站产品。

2005 年，周信宏先生加入中国惠普，担任中国惠普副总裁暨信息产品集团台式机业务部总经理，此期间负责商用、家用台式机、显示器以及瘦客户机解决方案等产品线的管理。2011 年，周信宏先生回台湾担任台湾惠普科技个人系统事业群副总裁暨总经理，掌管惠普电脑全产品线营销规划与执行，并带领大客户业务团队以及渠道业务团队拓展业务。

之后周信宏先生曾任职于台湾华硕电脑公司总部，担任全球商用业务处总经理之职位，掌管华硕电脑在中国区、亚太区、欧洲区以及美洲区的商用业务开发和销售。

周信宏先生拥有台湾成功大学工业管理研究所 MBA 学位。